Geowissenschaften + Umwelt

Reihenherausgeber: Gesellschaft für UmweltGeowissenschaften

D1666024

Springer

Berlin
Heidelberg
New York
Hongkong
London
Mailand
Paris
Tokio

Carsten Lorz   Dagmar Haase (Hrsg.)

Stoff- und Wasserhaushalt in Einzugsgebieten

Beiträge zur EU-Wasserrahmenrichtlinie und Fallbeispiele

Mit 46 Abbildungen und 27 Tabellen

 Springer

Herausgeber:
Gesellschaft für UmweltGeowissenschaften (GUG)
in der Deutschen Geologischen Gesellschaft (DGG)
GUG im Internet:
http://www.gug.org

Bandherausgeber:

Dr. Carsten Lorz
Institut für Geographie
Universität Leipzig
Johannisallee 19a
D-04103 Leipzig

Dr. Dagmar Haase
UFZ-Umweltforschungszentrum
Halle-Leipzig GmbH
Sektion Angewandte Landschafts-
ökologie
Permoserstraße 15
D-04301 Leipzig

Schriftleitung:
Monika Huch
Lindenring 6
D-29352 Adelheidsdorf

Umschlagabbildung: Die Saale-Aue bei Halle (D. Haase)

ISBN 3-540-20816-X Springer-Verlag Berlin Heidelberg New York

Bibliografische Information Der Deutschen Bibliothek
Die Deutsche Bibliothek verzeichnet diese Publikation in der Deutschen Nationalbibliografie;
detaillierte bibliografische Daten sind im Internet über <http://dnb.ddb.de> abrufbar.

Springer-Verlag Berlin Heidelberg New York
Springer-Verlag ist ein Unternehmen von Springer Science+Business Media

springer.de

© Springer-Verlag Berlin Heidelberg 2004
Printed in Germany

Satz: Reproduktionsfertige Vorlage von Monika Huch

Gedruckt auf säurefreiem Papier 30/3141/as 5 4 3 2 1 0

Geowissenschaften + Umwelt

Vorwort

Die Geowissenschaften befassen sich mit dem System Erde. Dazu gehören neben den Vorgängen im Erdinneren vor allem auch jene Vorgänge, die an der Erdoberfläche, der Schnittstelle von Atmo-, Hydro-, Pedo-, Litho- und Biosphäre auftreten. Alle Sphären sind nur sehr vordergründig betrachtet singuläre und damit klar voneinander abgrenzbare Einheiten. Sowohl die chemische Zusammensetzung in einem Systemkompartiment als auch die Transport- und Reaktionsvorgänge darin sind abhängig von den jeweiligen Wechselwirkungen mit den benachbarten Kompartimenten und deren Strukturen.

Gleichzeitig sind wir mit sehr hoch variablen zeitlichen Dimensionen konfrontiert. Von gebirgsbildenden Prozessen im Maßstab von Jahrmillionen über die Genese von Böden innerhalb von Jahrhunderten und Jahrtausenden bis hin zu Wechselwirkungen zwischen Sickerwasser und Bodenkrume oder Molekülen in der Troposphäre innerhalb von Nanosekunden treffen nahezu beliebige Raum-Zeit-Dimensionen aufeinander. Für Wissensdurstige erwächst daraus zwangsläufig die Notwendigkeit, sich dieser gegebenen Vieldimensionalität anzupassen – kein einfacher Anspruch.

Nicht weniger anspruchsvoll ist es, die Wechselwirkungen zwischen diesen Sphären und dem Wirken der Menschen zu erfassen und qualitativ wie quantitativ zu bewerten. Wie in den Biowissenschaften wird auch in den Erdwissenschaften zunehmend erkannt, dass es hierzu der eingehenden Systembetrachtung bedarf. Dazu gehören neben den Naturwissenschaften oft auch Erkenntnisse der Ökonomie, der Soziologie und anderer Geisteswissenschaften.

Obwohl sich diese Erkenntnis zumindest verbal durchgesetzt hat, sind wir von einer Umsetzung und einem Systemverständnis in den meisten Fällen noch weit entfernt. Es ist nicht einmal trivial, eine sinnvolle Verknüpfung zu finden zwischen den klassischen Herangehens- und Betrachtungsweisen der Geowissenschaften und den Fragen, die aus der Umweltproblematik resultieren.

Dabei haben die Geowissenschaften einen potentiellen Erkenntnisvorsprung, den es für die Umweltforschung und -diskussion zu nutzen gilt: ihr spezifisches Raum- und Zeitverständnis. Aufgaben und Ziele der Umweltgeowissenschaften ergeben sich daraus zwanglos. Die diversen Belastungen der Sphären durch anthropogene Eingriffe sind aufzuzeigen und Ansätze zur Problemlösung zur Diskussion zu stellen oder bereitzuhalten. Sowohl die direkten Auswirkungen als auch längerfristige Folgewirkungen menschlicher Eingriffe müssen qualitativ und quantitativ erfasst werden, um negative – oder gar katastrophale – Entwicklungen zu verhindern, bereits eingetretene Schäden zu beseitigen und künftige Störungen zu vermeiden.

Die von den unterschiedlichen Teildisziplinen erarbeiteten Erkenntnisse sollen durch die Umweltgeowissenschaften zu einer Synthese gebracht werden. Vor dem Hintergrund der Nachhaltigkeitsdiskussion ergeben sich auch hier für die Geowissenschaften künftig verstärkt folgende Zielrichtungen im wissenschaftlichen Problemlösungsverständnis:

- Die stärkere Einbeziehung der Geistes- und Sozialwissenschaften, um aktuelle Fragestellungen in einem echten disziplinübergreifenden Ansatz lösen zu können.
- Die verstärkte Vermittlung von Fachwissen an die breite Öffentlichkeit, da umweltgeowissenschaftliches Problembewusstsein auch vor dem Hintergrund eigener Wahrnehmung und Bewertung entwickelt werden kann.

Vor diesem Hintergrund wurde die Gesellschaft für UmweltGeowissenschaften (GUG) in der Deutschen Geologischen Gesellschaft gegründet. Als Diskussionsforum für die genannten Zielsetzungen gibt die GUG seit einer Reihe von Jahren die Schriftenreihe „Geowissenschaften + Umwelt" heraus. Dieses Forum wird von der Gesellschaft selbst zur Aufarbeitung eigens durchgeführter Fachveranstaltungen bzw. zur Herausgabe eigener Ausarbeitungen in Arbeitskreisen genutzt.

Darüber hinaus ist die Reihe offen für Arbeiten, die sich den Leitgedanken der Umweltgeowissenschaften verbunden fühlen. Unter der Herausgeberschaft der GUG und den jeweiligen Verantwortlichen des Einzelbandes können nach einer fachlichen Begutachtung in sich geschlossene umweltrelevante Fragestellungen als Reihenband veröffentlicht werden. Dabei sollten eine möglichst umfassende Darstellung von Umweltfragestellungen und die Darbietung von Lösungsmöglichkeiten durch umweltwissenschaftlich arbeitende Fachgebiete im Vordergrund stehen. Ziel ist es, möglichst viele umweltrelevant arbeitende Fachdisziplinen in diese Diskussion einzubinden.

Wir freuen uns über die gute Akzeptanz dieser Schriftenreihe und wünschen Ihnen viele gute Anregungen und hilfreiche Informationen aus diesem Band sowie den bisherigen und den folgenden Bänden.

Prof. Dr. Joachim W. Härtling   Prof. Dr. Peter Wycisk
(1. Vorsitzender der GUG)   *(2. Vorsitzender der GUG)*

Untersuchungen zum Stoff- und Wasserhaushalt in Einzugsgebieten

Beiträge zur EU-Waserrahmenrichtlinie und Fallbeispiele

Prolog

Wasser tritt in der Landschaft als Kontinuum auf. Es reicht vom Niederschlag über Boden- und Grundwasser bis zum Oberflächenwasser. Den Rahmen für dieses kontinuierliche System bildet das Flusseinzugsgebiet. Dessen Management orientierte sich bisher zumeist an administrativen Grenzen, wenn auch im nationalen Rahmen schon früher Einzugsgebiete als Einheiten der Wasserwirtschaft dienten. Die EU-Wasserrahmenrichtlinie (EU-WRRL), deren inhaltliche Umsetzung aus (hydro-)wissenschaftlicher Sicht schon lange überfällig scheint, trägt diesem Umstand jetzt auch im europäischen Rahmen Rechnung. Die Analyse und Bewertung menschlicher Eingriffe – im Sinne einer Störung und künstlichen Regulierung – sowie Qualitätsverbesserung von Fließgewässern kann nur unter Berücksichtigung des gesamten Flusseinzugsgebiets gelingen. Daher ist es das Anliegen dieses Bandes, eine Verknüpfung zwischen Arbeiten zum Wasser- und Stoffhaushalt in Einzugsgebieten gemäß der Ziele der EU-WRRL herzustellen.

Alle Arbeiten im vorliegenden Band beschäftigen sich direkt oder indirekt mit der Bedeutung der Eigenschaften des Einzugsgebietes für die Gewässerqualität und den Durchfluss im Fließgewässer. In drei Abschnitten, *Kleineinzugsgebiete im Mittelgebirge, Abflussdynamik* und *Einzugsgebiete auf der Mesoskala* werden Fallstudien aus Einzugsgebieten mit Bezug zur EU-WRRL vorgestellt. Alle Beiträge wurden im Rahmen der Fachsitzung *„Untersuchungen zum Stoff- und Wasserhaushalt in Einzugsgebieten"* des 52. Deutschen Geographentags, Leipzig, 2001 präsentiert.

Der erste Abschnitt umfasst Beiträge zum Thema *Kleineinzugsgebiete im Mittelgebirge*. Diese sind als Ursprungsgebiete der meisten größeren Flüsse und häufig für die regionale Trinkwasserversorgung von großer Bedeutung. Aufgrund ihrer Nutzung – überwiegend forstwirtschaftlich – und ihrer besonderen bodenkundlich-geologischen Ausstattung – flachgründige Böden, geringmächtige Lockergesteinsdecken – bilden sie zumeist einen Kontrast zu den Flach- und Hügellandanteilen der Gesamteinzugsgebiete.

Die Dynamik und Generierung des Abfluss sind Thema des zweiten Abschnitts, *Abflussdynamik*. Hier stehen die Beziehungen zwischen Quellen, Abflussdynamik und Stofftransport im Vordergrund der Betrachtung. Untersuchungen zur Abfluss-Konzentrations-Beziehung weisen vor dem Hintergrund der EU-WRRL auf die komplexen Vorgänge im Einzugsgebiet mit heterogenen Strukturen hin. Die Entschlüsselung dieser Wirkungsgefüge ist die Voraussetzung für eine effektive positive Beeinflussung der Wasserqualität auf Einzugsgebietsebene.

Der dritte Abschnitt, *Einzugsgebiete auf der Mesoskala*, beinhaltet Beiträge auf regionaler Ebene, die der Handlungsebene der EU-WRRL entspricht. Die Mesoskala ist mit der EU-WRRL in den Vordergrund gerückt, weil eine flächige Verbesserung der Wasserqualität nur in entsprechend großen Einzugsgebieten ablaufen kann. Dabei ergänzen sich Modellierung und Messung.

Unser Dank gilt allen Autoren und Autorinnen, die durch ihre engagierten und kompetenten Beiträge die Grundlage für diesen Band gelegt haben. Für die Übernahme der Gutachten sind wir allen Gutachtern und Gutachterinnen zu Dank verpflichtet. Für die Betreuung des Bandes sei Fr. Dipl.-Geol. M. Huch (GUG), Adelheidsdorf herzlich gedankt. Dem Umweltforschungszentrum Leipzig-Halle GmbH danken wir für den Druckkostenzuschuss. Schließlich gilt unser besonderer Dank Fr. cand. Dipl.-Geogr. U. Buchheim, Leipzig für Ihre wertvolle Hilfe bei der redaktionellen Bearbeitung des Bands.

Carsten Lorz   Dagmar Haase

Leipzig, 10.09.03

Studies of matter and water balances in catchments

Contributions to the EU Water Framework Directive and case studies

Prologue

Water occurs as a continuum in landscapes. It reaches as precipitation over soil and ground water to surface water. The catchment is the frame for this continuous system. Up until now its management was organised alongside administrative boundaries, even though within the national context catchment areas have already served as units for the water supply. From the (hydro-) scientific point of view it has long been overdue to take the river catchment into consideration. Within the European context it now finds its realisation in the EU Water Framework Directive (EU-WFD). The analysis and valuation of human interference – in the sense of obstruction and artificial regulation – as well as the improvement of the water quality can only be reached by taking the whole river catchment into consideration. It is the concern of this volume to link the studies of water and matter balances in catchment areas with the aims of the EU-WFD.

All contributions in this volume at hand deal – directly or indirectly – with the meaning of the characteristics in the catchment areas as in regards to the water quality and the discharge. In three sections, *micro catchments in the uplandzone, discharge dynamics* and *catchments on the meso scale* case studies from the catchments are being represented as far as the EU-WFD is concerned. All contributions have been presented at the session *Studies of matter and water balance in catchment areas* during the 52th Deutschen Geographentag, Leipzig, 2001.

The first section covers *micro catchments in the uplandzone* which are of great importance as source area for most bigger rivers as well as for the regional drinking water supply. Through their land use – mainly forestry – and their specific pedological-geological features – shallow soils, thin unconsolidated rock covers – those catchments often create a contrast to the lowland and upland sections of the entire catchment.

The dynamics of the discharge are the topic of the second section on *discharge dynamics*. This focuses on the relationship between discharge dynamics and matter transport. In view of the EU-WFD, studies of the discharge-concentration-relationship point towards complex processes in catchments with heterogeneous structures. The decipherment of those interactions is the prerequisite for an effective improvement of the water quality at the level of the catchment.

The third section, *catchment areas on the meso scale*, consists of contributions from a regional level that tallies with the level of action in the EU-WFD. With the EU-WFD the meso scale has gained importance, since a two-dimensional improvement of water quality can only be achieved in adequately big catchments. In this case modelling and sampling complement each other.

We want to thank all authors who with their committed and competent contributions have formed the basis for this volume. For giving their experts opinion we want to thank all peer reviewers. Our whole hearted thank also goes to Ms. Dipl.-Geol. M. Huch (GUG), Adelheidsdorf, for looking after this volume. For support with the printing costs we thank the Centre for Environmental Research Leipzig-Halle GmbH. Finally, we are indebted to Ms. U. Buchheim, who helped us with the editorial work on this volume.

Carsten Lorz   Dagmar Haase

Leipzig, 10.09.03

Inhaltsverzeichnis

Kleineinzugsgebiete

Kleineinzugsgebiete im Mittelgebirge

Pedologische und geomorphologische Bedingungen und Prozessdynamik in Wassereinzugsgebieten: Bedeutung für den Gewässerschutz im Lichte der EU-Wasserrahmenrichtlinie

Karl-Heinz Feger

"Tales sunt aquae qualis terra per quam fluunt"
„Die Gewässer sind so wie das Land, durch das sie fließen"
(Plinius d.Ä., röm. Naturphilosoph 23 - 79 n. Chr.).

Der chemische und biologische Gewässerzustand spiegelt das Ergebnis einer Vielzahl von Prozessen wider, die im Gewässerkörper selbst und mehr noch in den räumlich verknüpften Ökotopen (Standorten) der Einzugsgebiete ablaufen. Ausmaß, Richtung und Zusammenwirken dieser Prozesse werden maßgeblich von den individuellen Randbedingungen (Naturraum und Landnutzung) gesteuert.

Für den Bereich Gewässerschutz und Bewirtschaftung der Wasserressourcen galten bislang zahlreiche Richtlinien und Verordnungen auf regionaler und nationaler Ebene bzw. Ratsbeschlüsse der Europäischen Union. Diese Regelungen überschnitten sich häufig und waren teilweise nicht aufeinander abgestimmt. Ein schlüssiges Gesamtkonzept der Gewässerschutzpolitik war deshalb nicht erkennbar. Mit der Ende 2000 in Kraft getretenen EU-Wasserrahmenrichtlinie (EU-WRRL) (Europäische Gemeinschaften 2000) ist nun die Grundlage für eine koordinierte Bewirtschaftung der Gewässer innerhalb ihrer Einzugsgebiete über Staats- und Ländergrenzen hinweg geschaffen worden.

Die Richtlinie, die bis 2015 europaweit umzusetzen ist, schafft einen breiten Ordnungsrahmen für den Gewässerschutz. Die Ziele sind in Artikel 1 festgelegt:

- Schutz und Verbesserung des Zustandes aquatischer Ökosysteme und des Grundwassers einschließlich von Landökosystemen, die direkt vom Wasser abhängen

- Förderung einer nachhaltigen Nutzung der Wasserressourcen

- Schrittweise Reduzierung prioritärer Stoffe und Beenden des Einleitens/ Freisetzens prioritär gefährlicher Stoffe

- Reduzierung der Verschmutzung des Grundwassers

- Minderung der Auswirkungen von Überschwemmungen und Dürren

Das Novum der EU-WRRL besteht zweifellos in der konsequenten Umsetzung einer integrativen Betrachtung der Gewässer, vor allem im Hinblick auf den ökologischen Zustand. Gleichzeitig verfolgt sie zudem aber auch spezifische Sichtweisen. Beide Aspekte zeigen sich insbesondere im

- konsequent flächenhaften, auf das Flusseinzugsgebiet bezogenen Ansatz,

- gewässertypenspezifischen Ansatz,

- kombinierten Ansatz der Betrachtung von Schadstoffen (Emission und Immission) und

- einzelstoff- bzw. gruppenparameterbezogenen Ansatz.

Allgemein wird die Forderung nach einem „guten Zustand" für alle Gewässer (oberirdische Gewässer und Grundwasser) erhoben. Zusätzlich gilt ein Verschlechterungsverbot und die Forderung einer Trendumkehr bei Grundwasserbelastungen. Für Oberflächengewässer wird ein „guter ökologischer und guter chemischer Zustand" gefordert. EU-WRRL-Anhang V macht Vorgaben für die Biologie, Chemie und Gewässerstruktur (Hydromorphologie), wobei hier der Schwerpunkt beim biologischen Zustand liegt. Die hydromorphologischen

Parameter werden deshalb als Fähigkeit definiert, den Lebensraum der Gewässerbiozönose zu bilden. Bezüglich des chemischen Zustandes wird die Kommission für 30 prioritäre Stoffe europaweite Qualitätsstandards definieren. Für Grundwasser wird ein „guter quantitativer und ein guter chemischer Zustand" gefordert. So darf zur Erreichung des guten mengenmäßigen Zustandes die Wasserentnahme nicht größer sein als die Neubildung. Auch dürfen oberirdische Gewässer und angrenzende Landökosysteme nicht signifikant geschädigt werden. Der gute chemische Zustand ist gegeben, wenn die Qualitätsstandards bestehender Richtlinien flächendeckend für das gesamte Grundwasser eingehalten werden.

Als zentrales Instrument sieht die EU-WRRL die Erstellung von integrierten Bewirtschaftungsplänen für Flusseinzugsgebiete vor. Grundlage solcher Pläne sind Bestandsaufnahmen der wesentlichen Nutzungen und Beschreibungen des Ist-Zustandes der Gewässer. Darauf aufbauend werden Maßnahmenprogramme zur Erreichung der Ziele erarbeitet.

Die Umsetzung der EU-WRRL setzt eine ökologische Gewässergüteklassifikation voraus. Diese soll auf Gewässertypen basieren, welche die unterschiedlichen naturraumtypischen Lebensgemeinschaften (z.B. im Hoch-, Mittelgebirge oder Flachland) reflektieren. Somit müssen Angaben zum Referenzzustand gemacht werden, an dem sich das politisch vorzugebende Leitbild orientiert. Für eine solche Bestandsaufnahme, die bis Ende 2004 abgeschlossen sein soll, laufen gegenwärtig verschiedene Pilotprojekte. Grundlage dieser Vorhaben ist das Arbeitsverfahren der Länderarbeitsgemeinschaft Wasser (LAWA 1998). Die Typisierung der Oberflächengewässer basiert dabei aber lediglich auf einer einfachen Beschreibung der wichtigsten regionalen abiotischen und geomorphologischen Merkmale (geologisches Substrat, Relief [Talform]). In der verwendeten Typologie, die sich stark an der biotischen Struktur im Gewässer selbst orientiert (vgl. Braukmann 2001) bleiben die Böden mit ihrer aktuellen Pflanzenbestockung sowie die differenzierten Fließwege im Einzugsgebiet als Verbindung zwischen Böden und Gewässern weitgehend unberücksichtigt.

Die nachfolgenden Beiträge von **M. Armbruster** und **Mitarbeitern** sowie **A. Kleber** unterstreichen aber gerade die Bedeutung dieser Komponenten. Besonders die oberflächennahen Transportwege an Hängen – meist durch periglaziäre Schichtung vorgegeben bzw. spezielle Bodenbildung bedingt – können den Gewässerchemismus (besonders im Hinblick auf Versauerungsparameter, verschiedene Nähr- und Schadstoffe, Huminstoffe) wesentlich beeinflussen und die auf Grund des geologischen Untergrunds zu erwartenden Bedingungen stark modifizieren. Außerdem ist zu beachten, dass viele Böden heute als Folge früherer Landnutzungen oder atmogener Deposition häufig in ihrem Stoffbestand sowie Puffer- und Transformationspotential verändert sind. Böden haben ein ausgesprochenes „chemisches Gedächtnis". Inwieweit solche veränderten Zustände reversibel sind bzw. akkumulierte Stoffbestände remobilisiert werden können und damit den Gewässerzustand beeinflussen, ist bislang aber nur wenig bekannt. Inwieweit die bislang wenigen Befunde auf andere Gebiete übertragbar sind, ist fraglich.

Detaillierte Informationen über die Einzugsgebiete selbst sind erforderlich, wenn Maßnahmen zur Verbesserung des Gewässerzustandes zielorientiert entworfen und deren Wirksamkeit überprüft werden sollen. Auch die in der EU-WRRL vorgesehene Honorierung von Leistungen zur Verbesserung der Gewässerqualität (etwa durch entsprechende Praktiken in der Land- und Forstwirtschaft) kommt um eine detaillierte Betrachtung der Prozesse in den Böden der Wassereinzugsgebiete nicht herum. Das Thema EU-WRRL wird deshalb sicherlich noch über längere Zeit Gegenstand der umweltgeowissenschaften Grundlagen- und Anwendungsforschung sein.

Literatur

Braukmann U (2001) Fließgewässerbewertung gemäß Wasserrahmenrichtlinie aus gewässerzoologischer Sicht. - Gewässerbewertungen, Fachkolloquium 23.08.2001, Essen, Landesumweltamt Nordrhein-Westfalen [Hrsg], 23 S., Düsseldorf

Europäische Gemeinschaft (2000) Richtlinie 2000/60/EG des Europäischen Parlamentes und des Rates vom 23. Oktober 2000 zur Schaffung eines Odnungsrahmens für Maßnahmen im Bereich der Wasserpolitik

Länderarbeitsgemeinschaft Wasser (LAWA) (1998) Strukturgütekartierung in der Bundesrepublik Deutschland

Lateraler Wasserfluß in Hangsedimenten unter Wald

Arno Kleber

Interflow wird durch periglaziale Sedimente gesteuert, die üblicherweise die Hänge mitteleuropäischer Mittelgebirge verkleiden, weil deren mit der Tiefe abnehmende Permeabilität an jeder Schichtgrenze hydraulische Anisotropie bedingt. Diese Hypothese wurde in einem kleinen Quelleinzugsgebiet getestet. Dabei wurden Tensionen und Hydrochemie konsequent innerhalb der einzelnen Schichten der Hangsedimente gemessen. Wasser in den locker gelagerten oberen Schichten wird im Übergang zu liegenden dichteren Sedimenten abgelenkt und fließt als Interflow oberflächenparallel ab. Im liegenden Substrat hat sich das Tonschieferskelett zu einer tegulären (dachziegelartigen) Struktur eingeregelt, die zu Anisotropie auch innerhalb der Schicht führt. Wasser, welches durch Eiskeilpseudomorphosen etc. in diese Schicht einsickert, fließt lateral weiter, wogegen vertikaler Fluss behindert wird. Deshalb enthält diese Schicht ein weiteres Interflow-Stockwerk mit deutlich schnellerem Wasserfluss als im darunter folgenden eigentlichen Grundwasser.

Es ist zu erwarten, dass ähnliche Beziehungen zwischen Hangwasser und Hangsedimenten auch in anderen Gebieten gefunden werden. Jedoch wird die Hanghydrologie im untersuchten Einzugsgebiet stark von den spezifischen Eigenschaften der tegulären Schicht gesteuert. Weitere Untersuchungen über Fließwege insbesondere unter anderen geologischen Rahmenbedingungen sind notwendig, bevor übertragbare Modelle entwickelt werden können.

Einführung

Annähernd oberflächenparalleler unterirdischer Abfluß an einem geneigten Hang wird als Interflow bezeichnet. Dessen Fließgeschwindigkeiten – wobei der Begriff durchaus auch gesättigten Fluss umfasst – sind deutlich höher als die des Grundwassers, weswegen es zu bedeutenden saisonalen und episodischen Schwankungen der Wassermenge, -temperatur und -chemie kommt (Selby 1993). Der Interflow steht seit längerem im nationalen (z.B. Barsch und Flügel 1988, Flügel 1993) wie internationalen (z.B. Anderson und Burt 1990) Forschungsintresse. Seine Existenz ist aus der Ganglinienseparation der Vorfluter wohl bekannt, weshalb der Interflow sowohl in hydrologischen als auch hydrogeologischen Lehrbüchern breiten Raum einnimmt. Um so verwunderlicher ist es, dass dem Interflow im Abschlussbericht zum jüngsten hydrologischen Schwerpunktprogramm der DFG (Kleeberg 1999) lediglich einige wenige Zeilen und Nebensätze gewidmet sind. Die Ursache dieser Diskrepanz liegt möglicherweise darin, dass das quantifizierende Erfassen des Interflow keine triviale Aufgabe ist, da die Fließwege des Wassers an den Hängen der Einzugsgebiete a priori nicht bekannt sind. Vorhandene Modellvorstellungen über diese Fließwege (Einsele et al. 1986, Moldenhauer 1993, Semmel 1994, Völkel 1995) werden weithin wenig beachtet, zumal sie kaum durch messende Ansätze untermauert, sondern im wesentlichen „nur" auf qualitative Beobachtungen gestützt sind.

Interflow als Forschungsgegenstand

Quantitative Erfassung des Interflow

Die Erforschung des Interflow ist mindestens aus zwei Gründen von Bedeutung. Zum einen ist er am Zustandekommen von Hochwässern beteiligt, und seine Kenntnis ist somit Voraussetzung einer

Bedeutung des Interflows

ursachenbezogenen Hochwasservorhersage (z.B. Ward 1978). Darüber hinaus werden durch Interflow Schadstoffe vielfach so schnell durch Ökosysteme transportiert, dass es nur in geringem Maße zu Reaktionen mit dem Substrat kommt, weshalb die Filterwirkung des Substrats nicht zum Tragen kommt (Lindemann 1997, Beck 2002).

Die Aufgabe der vorliegenden Arbeit ist es, eine Modellvorstellung über die Fließwege des Interflow für deutsche Mittelgebirgshänge darzulegen und einen Überblick über die Ergebnisse eines ersten Tests dieses Modells zu geben.

Modellvorstellung zur Hanghydrologie

An geneigten Oberflächen ist Anisotropie des oberflächennahen Untergrunds der entscheidende Faktor für das Zustandekommen von Interflow: Wasser, welches der Schwerkraft folgend senkrecht einsickert, wird im Bereich von Änderungen der hydraulischen Leitfähigkeit ganz oder teilweise aus dieser Richtung abgelenkt und folgt statt dessen der Richtung der höheren Wasserleitfähigkeit, in der Regel also der des Hanggefälles. Eine solche Anisotropie liegt vor, wenn Unterschiede in der Körnung, Lagerungsart oder Lagerungsdichte im Untergrund auftreten, insbesondere wenn als deren Resultat liegende Partien eine geringere Wasserleitfähigkeit besitzen als hangende. In den Mittelgebirgen treten regelmäßig Substrate auf, deren Schichtung auf junge periglaziale Prozesse zurückgeht, die sich bei ihrer Ablagerung an das vorhandene Relief anlehnten und deshalb nahezu oberflächenparallel ausgebildet sind (Semmel 1968, Kleber 1992, Völkel 1995). Diese Sedimente können als die Leitbahnen des Hangwasserhaushalts angesehen werden.

Anisotropie des oberflächennahen Untergrundes

Hangsedimente als Leitbahnen des Interflows

Bei der folgenden Diskussion wird der Fluss im Wurzelbereich, der ebenfalls oft als Interflow erfolgt, nicht berücksichtigt.

Periglaziale
Lagen

In der Regel sind an wenig gestörten Mittelgebirgshängen drei Sedimenttypen zu differenzieren, die sich auch in ihren hydraulischen Eigenschaften stark unterscheiden.

Basislage

1. Die üblicherweise zuunterst liegende, aus lokal anstehenden Komponenten bestehende Basislage (Terminologie nach AG Boden 1994) zeichnet sich meist durch eine hohe Lagerungsdichte und ggf. hangparallele Einregelung des Skeletts aus. Basislagen können mehrere Schichtglieder umfassen, deren Materialbestand – gesteuert durch hangaufwärts anstehende Gesteinswechsel – stark variieren kann (z.B. Kleber et al. 1998b), und die v.a. in Hangdellen große Mächtigkeiten erreichen können (z.B. Kleber et al. 1998a). Typischerweise bestehen sie aber aus einer recht homogenen Schicht von beinahe ubiquitärer Verbreitung.

Mittellage

2. Darüber folgen Sedimente mit beigemischtem Löss. Umfassen diese mehrere Schichtglieder, so sind sie bis auf die oberste Schicht (s.u.) der Mittellage zuzurechnen und unterscheiden sich von der darüber folgenden Schicht vielfach durch eine andere pedogene Überprägung (stärker polyedrisches Gefüge, zumindest schwache Spuren von Tonanreicherung). Mittellagen sind in ihrer Verbreitung in den meisten Arbeitsgebieten im Luv der Hänge an besondere Gunstpositionen wie Verflachungen oder Dellen gebunden, im Lee hingegen weiter verbreitet. Die Lagerungsdichte der Mittellagen liegt meist zwischen der

hangender und liegender Hangsedimente. Die Einregelung der Grobkomponenten ist oft schlechter als in der Basislage, spielt aber aufgrund der meist geringen Gehalte an Skelett eine weniger bedeutende Rolle für die hydraulischen Eigenschaften des Sediments als in jener.

3. Die hangende Hauptlage ist bis auf Festgesteinsausbisse und anthropogen stark gestörte Areale ubiquitär, ist locker gelagert und besitzt eine auffällige, genetisch bisher nicht befriedigend geklärte, relativ konstante Mächtigkeit um 50 cm. Sie besteht aus einer homogenen, selten gradierten Schicht. Der Grad der solifluidalen Einregelung von Steinen variiert möglicherweise infolge postsedimentärer bioturbater Störungen. In den tieferen Lagen der Becken und Mittelgebirge ist ihr Schluffgehalt niedriger und, so Gesteinsfragmente auftreten, ihr Skelettgehalt größer als in eventuell vorhandenen Mittellagen; mit der Höhe in den Mittelgebirgen verlieren sich diese letztgenannten Unterschiede allerdings oder kehren sich sogar um (Völkel 1995).

Hauptlage

Die Substrateigenschaften dieser Sedimente sind für die Permeabilität des oberflächennahen Untergrunds maßgeblich (Einsele et al. 1986, Semmel 1994). Sie entscheiden bei gegebener Hangneigung über das Zustandekommen von Interflow oder die Versickerung ins tiefere Grundwasser. In der Regel begünstigen sie das Zustandekommen von Interflow, denn ihre mit der Tiefe abnehmenden Wasserleitfähigkeiten führen zur Ablenkung des Sickerwasserflusses in Gefällsrichtung. In vielen Fällen wird es zu einer solchen Ablenkung bereits beim Durchgang durch die Schichtgrenze zwischen Haupt- und Mittellage kommen. Markant wird der Unterschied in der hydraulischen Leitfähigkeit aber insbesondere an der

Genese des Interflow

Schichtgrenze zur Basislage. Daraus ist abzuleiten, dass Interflow bevorzugt auf der Oberfläche der stauenden Schichten, insbesondere der Basislagen fließt (Abbildung 1; Einsele et al. 1986, Moldenhauer 1993, Semmel 1994, Beck 2002).

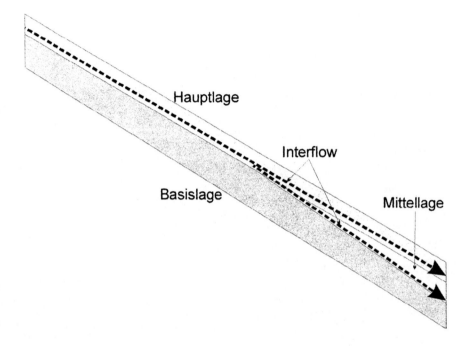

Abbildung 1.
Fließwege des Interflow an einem Mittelgebirgshang mit Hangsedimenten (Hypothese)

Hydromorphie

Geländebeobachtungen stützen dies, denn in schwächer geneigtem Relief, in dem auch der laterale Fluss aufgrund des geringeren Gefälles nur langsam erfolgt, werden diese Tendenzen der Wasserbewegung durch Pseudovergleyung betont: In wasserleitfähigen Substraten lassen sich unter solchen Bedingungen vielfach nassgebleichte und/oder rostfleckige Sw-, in relativ dichtem Material marmorierte Sd-Horizonte beobachten. Unter diesen Umständen kommt es am

Hang nur dann zur Grundwasserneubildung, wenn die Basislagen den vertikalen Fluss nicht vollständig sperren, bei Heterogenitäten im Substrat, die präferentielle Versickerung durch die Schicht erlauben, oder wenn die Basislagen nur geringmächtig entwickelt sind oder gar stellenweise fehlen. Da dies Ausnahmefälle sind, kann man an Hängen mit Deckschichten ein Überwiegen des Interflow über den Abfluss zum Grundwasser erwarten. In Fällen mit Haupt-, Mittel- und Basislage, oder wenn mehrteilige Basislagen vorkommen, kann Interflow auch in mehreren Stockwerken übereinander auftreten.

Permeabilität von periglazialen Lagen

Allerdings gibt es Beobachtungen, die gegen eine ungeprüfte Übertragung dieses Modells auf andere Einzugsgebiete sprechen: Vielfach kann nämlich besonders in skelettreichen Substraten beispielsweise an Straßenaufschlüssen nach einem Abflussereignis eine starke Wasserspende nicht nur oberhalb sondern auch aus den Basislagen selbst beobachtet werden. Im Folgenden sollen Befunde aus einem Einzugsgebiet dargelegt werden, in dem mächtige feinmaterialarme, skelettreiche Basislagen anzutreffen sind.

Hangwasserhaushalt in einem Quelleinzugsgebiet im Frankenwald

Material und Methoden

Arbeitsgebiet ist das ca. 6 ha große Einzugsgebiet einer Quelle im Frankenwald ($R^{44}578$ / $H^{55}932$) in ca. 600 m NN, dessen unterer Teil als abflusskonzentrierende Hangdelle ausgebildet ist. Der anstehende Tonschiefer kann im Einzugsgebiet als wasserundurchlässig angesehen werden (v. Horstig und Stettner 1976, Wasserbilanzrechnung durch

Untersuchungsgebiet

Hangsedimente im Unter-suchungsgebiet

Lindemann 1997, eigene Bohrungen). Seine klastische Verwitterung liefert plattige Gesteinsscherben, die sich bei solifluidalem Transport tegulär einregeln. Böden und Substrate wurden in Gruben beschrieben (Kleber et al. 1998a) und dann mit Bohrungen (Rammkernsonden) verfolgt. Ferner wurden geoelektrische Sondierungen in Schlumberger-Auslegung vorgenommen (Kleber und Schellenberger 1998). Wasserspannungen wurden mit stündlich messenden Druckaufnehmer-Tensiometern aufgenommen, die in Tiefenprofilen arrangiert waren. Die Profile waren so angelegt, dass in Hauptlage, Mittellage, und zweimal in der Basislage (je einmal im pseudovergleyten sowie im gleyartig geprägten Abschnitt) gemessen wurde. Lediglich in zwei quellnahen Profilen war die Hauptlage erodiert und konnte nicht erfasst werden. Ferner wurden Einzelmessungen mit Einstich-Tensiometern an verschiedenen Lokalitäten bzw. Tiefen entlang eines Transekts in der Dellen-Tiefenlinie vorgenommen. Die Isotopenverhältnisse des Sulfat-Schwefels wurden nach Fällung als Bariumsulfat mit einem Elementaranalysator, gekoppelt an ein Massenspektrometer, ermittelt. Weitere eingesetzte hydrogeologische Methoden schildert Schellenberger (1996), klimatologische und hydrochemische Verfahren Lindemann (1997).

Einbau der Messinstrumente

Ergebnisse

Die Tiefenlinie der Hangdelle ist mit Deckschichten verkleidet, deren mittleres Glied zu den Rändern der Delle hin auskeilt. Diese wurden aufgrund sedimentologischer und indirekter pedologischer Kriterien als Haupt-, Mittel- und Basislage angespro chen (Tabelle 1, Kleber et al. 1998a). Haupt- und Mittellage sind gleichermaßen locker gelagert.

Die liegende Basislage ist hingegen dicht gelagert
(Kleber und Schellenberger 1998).

Lediglich sporadisch unterbrochen durch Eiskeilpseudomorphosen oder durch Einschaltungen von
verlagertem quarzitischem Verwitterungsmaterial,
dominiert in der Basislage die teguläre Struktur der
Tonschieferscherben. Diese Struktureigenschaft
verursacht eine sedimentinterne hydraulische Anisotropie. Aufgrund ihrer hohen Lagerungsdichte und
insbesondere durch die teguläre Einregelung stellt
die Basislage zwar eine Barriere für das Sickerwasser dar: es wird an seiner Oberfläche teilweise abgelenkt und fließt als Interflow innerhalb von Haupt-
und/oder Mittellage hangabwärts; Wasser jedoch,
welches einmal in die Basislage gelangt ist – insbesondere entlang der erwähnten Störungen im Sediment, wo besonders hohe feldgesättigte Leitfähigkeiten gemessen wurden – kann innerhalb dieser
Schicht zwischen den Tonschieferscherben nahezu
ungehindert hangparallel abfließen.

Struktur der
Basislage

Interflow in der
Basislage

Der obere Teil der Basislage ist im flacheren unteren
Teil des Einzugsgebiets durch Pseudovergleyung
(Reduktion auf Aggregatoberflächen, Marmorie-
rung) als stauender Horizont ausgewiesen. Zum Teil
lassen sich auch korrespondierende Sw-
Eigenschaften in den hangenden Schichten erkennen.
In tieferen Abschnitten der Basislage verschwinden
die Hydromorphie-Merkmale nicht, sondern nehmen
an Intensität zu, verändern aber ihren Charakter, und
treten nunmehr v.a. als Eisenoxid-Bänder (gleyartig)
auf, was für zeitweise oxidierendes Milieu spricht
(Tabelle 1). Geoelektrische Sondierungen lassen den
Schluss zu, dass in ca. 3-6 m unter Flur ganzjährig
mit Grundwasser gesättigte Bereiche folgen (Kleber
und Schellenberger 1999).

Hydromorphie
in der Basislage

Tabelle 1.

Bodenprofil im terrestrischen Bereich des Quelleinzugsgebiet

Lage:　　　　　R [44]57888, H [55]93183
Höhe:　　　　　605 m NN
Relief:　　　　　Hangdelle, Gefälle 10°, Exposition NW
Vegetation:　　　Fichtenforst
Gestein:　　　　Tentaculiten-Schiefer (Unt. Devon)
Humusform:　　rohhumusartiger Moder
Bodenform:　　sehr saure Braunerde aus Schuttlehm ü. grusführendem Löss

Tiefe (cm)	Hori- zont	Deck- schicht	Farbe (trocken)	Farbe (feucht)	Kör- nung	Skelett (Vol.-%)	Ld (g/cm^3)	pH (CaCl$_2$)
+11	L	n.a.	n.b.	n.b.	n.a.	n.a.	n.b.	n.b.
+8	Of	n.a.	10YR 3/4	10YR 3/2	n.a.	n.a.	n.b.	2.82
+3	Oh	n.a.	10YR 2/2	10YR 2/1	n.a.	n.a.	n.b.	2.73
3	Ah	LH	10YR 4/3	10YR 3/1	sL	n.b.	n.b.	2.93
44	Aev	LH	2.5YR 6/4	2.5YR 4/2	sL	40	1.5	3.52
85	IIBtv	LM	2.5YR 6/6	2.5YR 5/4	sL	20	1.0	4.21
114	IIBv	LM-LB	2.5YR 6/4	2.5YR 5/4	sL	70	1.6	4.28
153	IIISd1	LB	2.5YR 6/2	2.5YR 4/2	lS	95	1.8	4.08
190	IVSd2	LB	n.b.	n.b.	n.v.	100	n.b.	n.b.
215	IVCv	LB	n.b.	n.b.	n.v.	100	n.b.	n.b.
335+	IVGo	LB	n.b.	n.b.	n.v.	100	n.b.	n.b.

LH: Hauptlage; LM: Mittellage; LB: Basislage; sL: sandiger Lehm; lS: lehmiger Sand. n.a.: nicht anwendbar; n.v.: nicht vorhanden; n.b.: nicht bestimmt. Aufschluss ab 190 cm Ramm-kernsonde (nach Kleber et al. 1998a, verändert)

In diesen Schichten konnten durch Tensiometer-Messungen (detaillierte Ganglinien bei Kleber et al. 1998a sowie Kleber und Schellenberger 1998) drei Typen von Abflussereignissen oberhalb des Grundwasserstockwerks unterschieden werden:

Abbildung 2

1. Kleinere Ereignisse führen zu ungesättigtem Interflow in der Hauptlage und in der Mittellage, während in der Basislage Potentialänderungen gering bleiben. Der Quellabfluss zeigt keine ausgeprägte Reaktion auf solche Ereignisse.

Kleine Abfluss-ereignisse

2. Abflussereignisse mittlerer Dimension rufen in den oberen Schichten die gleichen Reaktionen hervor, wobei die Messwerte diejenigen der Ereignisse vom Typ 1 nicht übersteigen. In der Basislage, in ca. 200 cm unter Grund, kommt es zu einem verzögerten, scharfen Anstieg der Potentialverläufe. Wenig später steigt auch der Quellabfluss an.

Mittlere Abfluss-ereignisse

3. Darüber hinaus werden starke Abflussereignisse beobachtet. Sie laufen wie Ereignisse des Typs 2 ab, jedoch wird in der Basislage in ca. 200 cm Tiefe ein so starker hydrostatischer Druck erreicht, dass das Wasser in die hangenden Hangsedimente gepresst wird, wo es oberflächenparallel abfließt. Starke Ereignisse induzieren demnach gesättigten Abfluss bis in die Hauptlage, der jedoch deutlich zeitlich versetzt zum auslösenden Niederschlag/Schneeschmelze erfolgt. Der Anstieg des Abflusses in der Quelle ist entsprechend hoch.

Extreme Abfluss-ereignisse

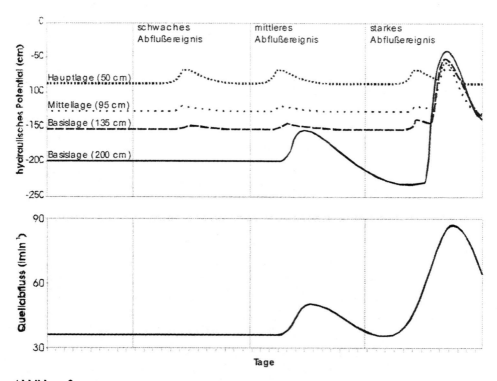

Abbildung 2.

Potentialverläufe im Boden und Quellschüttung bei typischen Abflussereignissen (nach
Kleber und Schellenberger 1999, ergänzt)

*Hydro- und
Isotopen-
chemie*

Der Fluss in der Basislage während der Ereignisse
vom Typ 2 und 3 erfolgt im Wesentlichen als Über-
schichtung des Grundwassers durch schnell fließen-
den Interflow. Dies ergibt sich aus den im gesamten
Messzeitraum deutlichen Unterschiede in der Hydrochemie (Lindemann 1997) und Isotopen-Chemie
(Abbildung 3) zwischen Grundwasser und Interflow.
Die chemischen Eigenschaften des Grundwassers
sind auf Reaktionen mit dem Sediment der tieferen
Basislage während einer längeren Verweildauer
zurückzuführen, während die des Interflow eher der
Zusammensetzung des Niederschlagswassers ähneln
(Lindemann 1997).

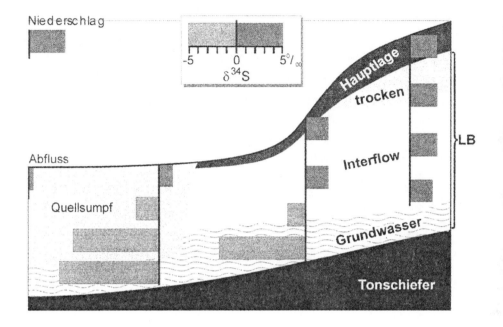

Abbildung 3.
Isotopenverhältnisse des Sulfatschwefels (Momentaufnahme im Sommer 1994). LB: Basislage; trocken: nicht durchflossener Bereich; nicht maßstabsgetreu (nach Kleber et al. 1998a, verändert und ergänzt)

Folgerungen

Die Basislage wirkt als Stauer für die hangenden Schichten und führt dort zu Interflow. Dies gilt insbesondere bei Normalabflüssen unter ungesättigten Bedingungen. Bei stärkerem Abfluss wirkt die Basislage jedoch als Leiter für eingedrungenes Wasser und führt zu gesättigtem, hangparallelem Abfluss. Unter diesen Bedingungen gibt es zwei getrennte Interflow-Systeme in den verschiedenen Schichten oberhalb des Grundwasserkörpers (Abbildung 4). Bei Extremereignissen kommt es in der

Basislage als
Aquitard
und Aquifer

Tiefenlinie der Hangdelle nahe der Quelle zu einem
Aufsteigen aus der Basislage in hangende Schichten,
wo nach dem auslösenden Ereignis ein deutlich ver-
stärkter Fluss induziert wird. Der entscheidende
Einfluss auf das hydrogeologische System geht also
von der Basislage aus, insbesondere von deren
anisotropen hydraulischen Eigenschaften.

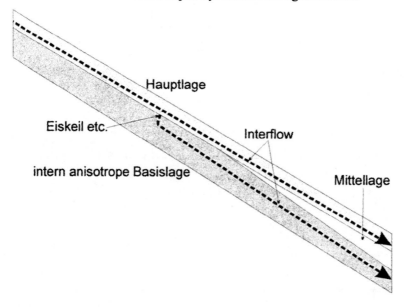

Abbildung 4.
Fließwege des Interflow an einem Mittelgebirgshang im Frankenwald mit skelettreicher,
tegulär gelagerter Basislage

Daraus lassen sich zwei Schlüsse ziehen:

1. Hangsedimente sind die entscheidenden Steue-
   rungsgrößen im hydrologischen System des untersuchten Einzugsgebiets. Es ist gemäß dem ein-
   gangs diskutierten Modell und den bereits existierenden Beobachtungen anzunehmen, dass sich
   dieser prinzipielle Befund – neben Gebieten mit
   vergleichbarer Geofaktorenkonstellation – auch
   auf andere Einzugsgebiete übertragen lässt.

2. Die konkrete Ausgestaltung der Hanghydrologie im Untersuchungsgebiet geht jedoch auf die besonderen hydraulischen Eigenschaften des tegulär eingeregelten Tonschieferskeletts zurück. Es ist somit unwahrscheinlich, dass sich die Ergebnisse direkt auf andere Gesteins- und Reliefverhältnisse übertragen lassen, sondern es bedarf vergleichender Untersuchungen, in denen insbesondere unterschiedlichen geologischen Rahmenbedingungen Rechnung getragen wird. Auch ist anzunehmen, dass die verschiedenartige Ausbildung der Mittellagen in geringeren Meereshöhen die hydrogeologischen Verhältnisse modifiziert.

Literatur

AG Boden (1994) Bodenkundliche Kartieranleitung. Bundesanst. f. Geowissenschaften und Rohstoffe, 390 S.

Anderson MG, Burt TP (1990) [Hrsg] Process studies in hillslope hydrology. Wiley, 539 S.

Barsch D, Flügel W-A (1988) Untersuchungen zur Hanghydrologie und zur Grundwassererneuerung am Hollmuth, Kleiner Odenwald. Heidelberger Geogr. Arb. 66, 1-82

Beck RK (2002) Schadstoff-Transferpotentiale von Böden in mehrschichtigen periglazialen Lagen im Keuper-Lias-Bergland des Schönbuchs. Ber. z. dt. Landeskde. 76, 2/3, 169-185

Einsele G, Agster G, Elgner M (1986) Niederschlag-Bodenwasser-Abflußbeziehungen bei Hochwasserereignissen im Keuper-Lias-Bergland des Schönbuchs. In: Deutsche Forschungsgemeinschaft [Hrsg] Das landschaftsökologische Forschungsprojekt Naturpark Schönbuch, 209-234, VCH-Verlag

Flügel W-A (1993) Hierarchical structured hydrological process studies to regionalize interflow in a loess covered catchment near Heidelberg. IAHS Publ. 212, 215-223

von Horstig G, Stettner G (1976) Geologische Karte von Bayern 1:25000. Erläuterungen zu Blatt 5735 Schwarzenbach am Wald. Bayerisches Geol. Landesamt, München, 61 S.

Kleber A (1992) Periglacial slope deposits and their pedogenic implications in Germany. - Palaeogeogr. Palaeoclimatol. Palaeoecol. 99: 361-372

Kleber A, Schellenberger A (1998) Slope hydrology triggered by cover-beds. With an example from the Frankenwald Mountains, Northeastern Bavaria. Z. f. Geomorph. N.F. 42, 469-482

Kleber A, Schellenberger A (1999) Hydrogeologische Verhältnisse eines Quelleinzugsgebiets im Frankenwald. Bayreuther Forum Ökologie 71, 17-25

Kleber A, Lindemann J, Schellenberger A, Beierkuhnlein C, Kaupenjohann M, Peiffer S (1998a) Slope deposits and water paths in a spring catchment, Frankenwald, Bavaria, Germany. Nutrient Cycling in Agroecosystems 50, 119-126

Kleber A, Mailänder R, Zech W (1998b) Stratigraphic approach to alteration in mineral soils - the heavy metal example. Soil Sci. Soc. America J. 62, 1647-1750

Kleeberg H-B [Hrsg] (1999) Hydrologie und Regionalisierung, Ergebnisse eines Schwerpunktprogramms (1992 bis 1998). Wiley-VCH, 477 S.

Lindemann J (1997) Quantifizierung biogeochemischer Eisen- und Sulfat-Umsetzungen in einem Quellmoor und deren Beitrag zur Säureneutralisierung in einem Einzugsgebiet des Frankenwaldes. Diss. Univ. Bayreuth, Bayreuther Forum Ökologie 51, 1-271

Moldenhauer K-M (1993) Quantitative Untersuchungen zu aktuellen fluvialmorphodynamischen Prozessen in bewaldeten Kleineinzugsgebieten von Odenwald und Taunus. Frankfurter Geowiss. Arb. D 15, 1-307

Schellenberger A (1996) Der Einfluß des oberflächennahen Untergrundes auf den Wasserhaushalt eines Quelleinzugsgebietes im Frankenwald. Unveröff. Diplomarbeit, Univ. Bayreuth, Lehrstuhl f. Geomorphologie, 136 S.

Selby MJ (1993) Hillslope materials and processes. Oxford University Press, 445 S.

Semmel A (1994) Zur umweltgeologischen Bedeutung von Hangsedimenten in deutschen Mittelgebirgen. Z. Dt. Geol. Ges. 145, 225-232

Semmel A (1968) Studien über den Verlauf jungpleistozäner Formung in Hessen. Frankfurter Geogr. H. 45, 1-133

Völkel J (1995) Periglaziale Deckschichten und Böden im Bayerischen Waldes und seinen Randgebieten. Z. Geomorphol. N.F. Suppl.-Bd. 96, 1-301

Ward R (1987) Floods – a geographical perspective. – Macmillan Press, London: 44 S.

Wasser- und Stoffbilanzen kleiner Einzugsgebiete im Schwarzwald und Osterzgebirge

Einflüsse sich verändernder atmosphärischer Einträge und forstlicher Bewirtschaftung

Martin Armbruster, Mengistu Abiy, Jörg Seegert und Karl-Heinz Feger

Die Stoffeinträge in Waldbestände zeigen in den letzten Jahren rückläufige Tendenzen für SO_4^{2-}, H^+ und Basenkationen. Die N-Eintragsraten sind auf ähnlichem Niveau geblieben, was zu einer nachlassenden N-Retentionskapazität („N-Sättigung") von Wäldern führen kann. Die Einflüsse veränderter atmosphärischer Einträge werden am Beispiel von zwei fichtenbestockten Kleineinzugsgebieten dargestellt. Das Gebiet im Südschwarzwald (Schluchsee) ist vergleichsweise gering atmogen belastet, während das Gebiet im Osterzgebirge (Rotherdbach) bis in die jüngste Vergangenheit hinein durch extrem hohe Stoffeinträge (v.a. von S) geprägt gewesen ist. In beiden Gebieten sind typische, nachlassende S- und Säuredepositionen und eine Reversibilität der Versauerung erkennbar. Schlüsselfaktor für die Ausprägung dieser Reversibilität sind Art, Höhe und Verteilung der im Ökosystem gespeicherten S-Vorräte. Die gegenwärtige Umwandlung von Nadelholz-Reinbeständen zu Mischbestockung kann zur Reduktion des Stoffeintrags beitragen. Langfristig dürfte sich dies positiv auf die Elementbilanzen auswirken. Dem stehen mögliche Risiken entgegen, da Bestandesumwandlungen i.d.R. durch stärkere Durchforstungseingriffe eingeleitet werden. Die Prognose dieser Effekte auf die Wasser- und Elementflüsse erfolgt mittels deterministischer Modelle. Die Plausibilität der Simulationsergebnisse sowie die Anwendbarkeit der Modelle für Langfristprognosen werden diskutiert.

Einleitung

*Rückgehende
Depositionen
in Waldöko-
systemen*

In den zurückliegenden zwei Jahrzehnten wurden rückläufige Tendenzen der Stoffeinträge in Waldökosysteme für SO_4^{2-} und H^+, aber auch die Kationen K^+, Ca^{2+} und Mg^{2+} festgestellt (Tarrasón und Schaug 1999, Stoddart et al. 1999, Alewell et al. 2000, 2001). Der positive Effekt des Rückgangs der SO_2-Emissionen (Rückgang der SO_4^{2-}- und H^+-Deposition) kann dabei jedoch durch gleichzeitigen Rückgang der neutralisierenden basischen Stäube z.T. wieder kompensiert werden. Die vielerorts erhöhten N-Eintragsraten sind dagegen auf gleichbleibendem Niveau geblieben.

*Reversibilität
von
Versauerungs-
prozessen*

Die Auswirkungen solcher Stoffeintragsänderungen auf die Zusammensetzung von Bodensicker- und Bachwasser sowie die mögliche Erholung von Böden und Waldökosystemen werden derzeit kontrovers diskutiert. Ein Schlüsselprozess der Reversibilität von Versauerungsprozessen ist die Höhe und Ausprägung der S-Speicherung in Böden. Vereinfacht dargestellt reagieren Ökosysteme mit geringen Mengen gespeichertem SO_4^{2-} sehr schnell mit einer Zunahme der Säureneutralisationskapazität, was als Reversibilität von Versauerung gedeutet werden kann. Sind dagegen hohe Mengen an SO_4^{2-} im Boden gespeichert wird bei Rückgang der S-Einträge im Boden gespeichertes SO_4^{2-} wieder freigesetzt. Eine Reversibilität von Versauerung tritt in diesen Ökosystemen daher nur mit starker zeitlicher Verzögerung auf (Alewell 1995).

*Hohe Stick-
stoffeinträge*

Vor dem Hintergrund anhaltend hoher N-Einträge bei gleichzeitig rückläufigen Säureeinträgen kommt dem Nitrat in Zukunft eine höhere Bedeutung für die Versauerung zu. Daneben ist bei der zukünftig zu erwartenden N-Eintragssituation (stagnierend auf vergleichsweise hohen Niveau) zunehmend auch eine nachlassende N-Retentionskapazität („N-Sättigung") der Waldökosysteme zu erwarten (Feger 1993, Feger 1997/98, Moldan und Wright 1998).

Neben Maßnahmen der Luftreinhaltung kann auch der gegenwärtig eingeleitete Waldumbau von Nadelholz-Reinbeständen zu Mischbestockung zur Reduktion des Stoffeintrags beitragen und auf diese Weise zu veränderten Wasser- und Elementflüssen führen. Als Folge einer hierfür erforderlichen Auflichtung geschlossener Koniferenbestände ist wegen geringerer Interzeptionsverluste v.a. zu Beginn des Waldumbaus u.U. mit höheren Sickerraten und auch negativ zu bewertenden Stoffausträgen (v.a. NO_3^-) zu rechnen.

Waldumbau: Nadelwald in Mischwald

Die Ziele der vorliegenden Untersuchung sind daher (1) der Vergleich der biogeochemischen Flüsse zweier Waldökosysteme unterschiedlicher Depositionsbelastung, (2) die Identifikation und Berechnung der Auswirkungen veränderter Stoffeinträge auf Bodenlösung und Gebietsaustrag und (3) die Prognose der Auswirkungen eines Bestockungswandels auf die Wasser- und Stoffflüsse durch Modellanwendungen.

Ziele der Untersuchung

Material und Methoden

Gebietsbeschreibungen

Für die Fragestellung wurden zwei bewaldete Einzugsgebiete im Schwarzwald und Osterzgebirge herangezogen (Abbildung 1). Die beiden Untersuchungsobjekte zeichnen sich durch vergleichbare Größe, Ausgangsgesteine, Bestockung und Böden, jedoch unterschiedliche atmosphärische Deposition aus.

Untersuchungsgebiete im Schwarzwald und Osterzgebirge

*Waldbestände
in den Unter-
suchungsgebieten*

Das Einzugsgebiet Schluchsee befindet sich in der hochmontanen Stufe des Südschwarzwaldes (Tabelle 1, Abbildung 1). Im gesamten Einzugsgebiet stockt ein ca. 55jähriger Fichtenreinbestand. Die ursprüngliche Bestockung, ein buchendominierter Mischbestand, wurde vor ca. 200 Jahren durch einen Fichtenforst ersetzt (Feger 1993). Das Einzugsgebiet Rotherdbach liegt im Osterzgebirge (Abbildung 1, Tabelle 1) und ist zu ca. 83 % mit einem alten Fichtenreinbestand bestockt. Etwa 17 % der Einzugsgebietsfläche besteht aus einer ca. 15jährigen Fichtenaufforstung. Die heutigen Bestände im Osterzgebirge sind meist die zweite bis dritte Generation von Fichtenreinbeständen (Nebe et al. 1998). Seit etwa 1980 zeigten sich starke SO_2-immissionsbedingte Waldschäden im Osterzgebirge. Vor allem durch den Einbau von Entschwefelungs- und Filteranlagen in die Kohlekraftwerke des böhmischen Beckens sind die Schadsymptome seit 1990 deutlich zurückgegangen. Klimatisch ist das Rotherdbachgebiet wie das Schluchseegebiet als kühl und perhumid zu charakterisieren. Allerdings betragen die mittleren Jahresniederschläge in Rotherdbach nur ca. 50 % der in Schluchsee gemessen (Tabelle 1).

*Böden im Unter-
suchungsgebiet
Schluchsee*

Beide Einzugsgebiete werden durch perennierende Quellbäche entwässert (Abbildung 1). Den geologischen Untergrund bildet in Schluchsee der extrem basenarme Bärhaldegranit. Es dominieren lehmigsandige Böden mit einem hohen Skelettanteil von bis zu 60 % (überwiegend Feinskelett). Die Böden weisen eine hohe hydraulische Leitfähigkeit und dominierende vertikale Fließwege auf. Als Böden haben sich gut durchlässige, saure und extrem basenarme Eisenhumuspodsole entwickelt (Armbruster 1998). Der pH-Wert (H_2O) schwankt zwischen 3,8 im Oberboden und 4,4 an der Profilbasis (80 cm). Die Basensättigung liegt im gesamten Bodenprofil unter 5 %.

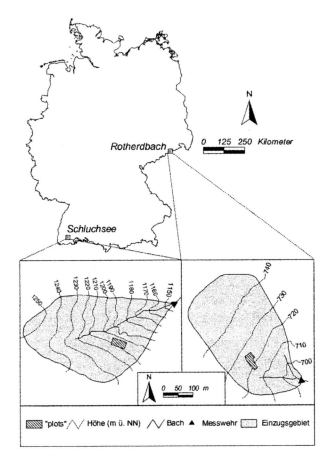

Abbildung 1.

Lage der beiden Untersuchungsgebiete in Deutschland

Das Grundgestein im Rotherdbachgebiet bildet der Teplitzer Quarzporphyr. Dieser ist – mit Ausnahme etwas höherer Ca- und Mg-Gehalte – in der Elementzusammensetzung dem Ausgangsgestein in Schluchsee vergleichbar. Die Verwitterungsdecke besteht aus geschichteten periglaziären Fließerden (Abiy 1998). Die Böden, sandige Lehme bis Lehme, haben in der Basisfolge bis zu 70 % Skelettanteil. Im

Geologischer Untergrund

Böden im Unter-suchungsgebiet Rotherdbach

Gegensatz zum Schluchseegebiet ist die hydraulische Leitfähigkeit der Böden deutlich geringer, wodurch laterale Fließwege an Bedeutung zunehmen. Die Bodentypen sind dem Schluchseegebiet vergleichbar. Allerdings sind Basensättigung, Kationenaustauschkapazität und S_{ges}-Gehalte im Vergleich zu Schluchsee höher (Abiy 1998). Weiterführende Gebietsbeschreibungen geben Armbruster (1998) und Abiy (1998).

Tabelle 1.

Kenndaten der beiden Einzugsgebiete

	Schluchsee	Rotherdbach
Untersuchungszeitraum [a]	1988 – 1998	1994/95 – 1999 [b]
Lage	47° 49' N; 8° 06' E	50° 47' N; 13° 43' E
Einzugsgebietsfläche [ha]	10,98	9,43
Höhenlage [m ü. NN]	1150 - 1253	694 – 750
mittl. Gefälle [%]	21,9	16,7
Exposition	ENE	SE
mittl. Niederschlag [mm]	1867	989 [c]
mittl. Abfluss [mm]	1381	590 [c]
mittl. Lufttemperatur [°C]	4,5	5,5
Vegetation	Fichte 55 a (100%)	Fichte 90 a (83%); Fichte 15 a (17%)
Böden	Eisenhumuspodsole	Eisenhumuspodsole; Braunerde-Podsole
Grundgestein	Granit	Quarzporphyr

[a] hydrologische Jahre (Nov. – Okt.)

[b] Deposition 1994 – 1999; Gebietsaustrag 1995 – 1999

[c] Zeitraum 1995 – 1999

Methoden

Probenahme und Analysen

Die Beprobung in den beiden Einzugsgebieten erfolgte seit 1987 (Schluchsee) beziehungsweise 1993 (Rotherdbach). Der Freilandniederschlag zur Ermittlung des Eintrags oberhalb des Kronendachs wurde wöchentlich auf jeweils einer benachbarten Freifläche gesammelt. Die Kronentraufe (Bestandsniederschlag) wurde in repräsentativen Teilflächen innerhalb des Einzugsgebietes („plots"; Abbildung 1) ebenfalls wöchentlich aufgefangen. Die Niederschlagsproben wurden zur Analyse volumengerecht zu Monatsmischproben gemischt. Auf die Messung des Stammabflusses wurde verzichtet, da er bei Fichte weniger als 2 % des Bestandesniederschlags ausmacht (Mitscherlich 1981). In den Bestandesmessflächen wurde in wöchentlichem bis 14tägigem (Schluchsee) bzw. monatlichem Abstand (Rotherdbach) Bodensickerwasser mittels Unterdrucklysimeter in Platten- bzw. Kerzenbauweise unterhalb der Humusauflage und in verschiedenen Mineralbodentiefen gewonnen. Der Gebietsaustrag über die Oberflächengewässer wurde in beiden Einzugsgebieten an THOMPSON-Messwehren bestimmt. Die Beprobung des Bachwassers erfolgte in Schluchsee wöchentlich und in Rotherdbach monatlich. An allen Wasserproben wurden die Hauptkationen (NH_4^+, Na^+, K^+, Ca^+, Mg^{2+}, Al^{3+}, Mn^{2+}, Fe^{3+}) und -anionen (Cl^-, NO_3^- und SO_4^{2-}) sowie der pH-Wert und die elektrische Leitfähigkeit bestimmt. Die Säureneutralisationskapazität (SNK) wurde rechnerisch aus der Ionenbilanz ermittelt (Reuss und Johnson 1986; van Miegroet 1994). Detaillierte Angaben zu den analytischen Methoden sind in Feger (1993) für Schluchsee sowie in Langusch (1995) für Rotherdbach zu finden.

Niederschlagsmessung

Abflussmessung

Laboranalytik

Gesamt-
deposition

Berechnung von Stoffflüssen

Die Einträge mit dem Freiland- bzw. Bestandesniederschlag wurden durch Multiplikation der Stoffkonzentrationen und der Niederschlagsmengen der Sammelzeiträume und Aufsummierung über jährliche Untersuchungszeiträume berechnet. Die Gesamtdeposition wurde nach dem Ansatz von Ulrich (1983, 1991) bestimmt. Beschreibungen von Erweiterungen für die Untersuchungsgebiete finden sich in Brahmer (1990), Armbruster (1998) und Abiy (1998). Die Berechnung des Gebietsaustrags mit dem Bachwasser erfolgte in Schluchsee mit der „period-weighted-sample"-Methode (Likens et al.

Gebiets-
autrag

1977). In Rotherdbach wurde der jährliche Gebietsaustrag dagegen durch Multiplikation der durchschnittlichen Elementkonzentration eines Jahres mit der Jahresabflusssumme berechnet. Die so bestimmten Elementausträge unterscheiden sich dabei in Rotherdbach nicht von den über die „period-weighted-sample"-Methode berechneten.

Zeitreihenanalyse

In der vorliegenden Untersuchung wurde ein additives Zeitreihenmodell zur Beschreibung der Zeitreihen von Deposition, Bodenlösung und Bachwasser verwendet. Die Bestimmung der Trendkomponente

Regressions-
modell

erfolg über ein saisonales, multiples Regressionsmodell (Flieger und Toutenburg 1995). Neben saisonaler Komponente und Trendkomponente wurde eine wassermengenabhängige Komponente eingeführt. Für Rotherdbach standen keine Sickerwassermengen zu Verfügung, weshalb für das Bodensickerwasser im Zeitreihenmodell nur die saisonale Komponente und die Trendkomponente berücksichtigt werden. Die zeitliche Auflösung der Zeitreihenanalyse wurde nach dem Abstand der jeweiligen Probennahmen gewählt. An beiden Standorten wurden daher monatliche Einträge mit dem Freiland-

und Bestandesniederschlag untersucht. Im Bodensickerwasser und Bachwasser wurden dagegen die Konzentrationszeitreihen herangezogen. Die zeitliche Auflösung der Analyse war in Schluchsee 14tägig für das Bodensickerwasser und wöchentlich für das Bachwasser. Bei Rotherdbach wurden monatliche Konzentrationswerte von Bodensickerwasser und Bachwasser untersucht. Die Normalverteilung der Regressionsresiduen wurde graphisch durch den Vergleich mit der Normalverteilung überprüft. Zur Überprüfung der Residuen auf Autokorrelation wurde der Dubin-Watson-Koeffizient berechnet. Die Zeitreihenanalyse wurde mit dem Statistikpaket SPSS 10.0 durchgeführt. Weiterführende methodische Angaben finden sich in Armbruster (1998).

Modelle zum Wasser- und Stoffhaushalt

Die Simulation des Wasserhaushalts am Standort Rotherdbach erfolgte mit dem forsthydrologischen Modell BROOK90 (Federer 1995). Mit dem Modell kann der Wasserhaushalt kleiner, homogener Einzugsgebiete bestimmt werden. Die Verdunstung wird über eine Erweiterung der Penman-Montheith-Gleichung auf Tagesbasis berechnet (Shuttleworth und Wallace 1985). Die Simulation der Wasserbewegung im Boden erfolgt über die Richards-Gleichung. Die Wassercharakteristika der Bodensubstrate ist dabei über einen modifizierten Ansatz nach Brooks und Corey (1964) formuliert. BROOK90 wurde in Rotherdbach zur Prognose der Auswirkungen eines Bestockungswandels vom Fichtenreinbestand zum Mischbestand verwendet. Dazu wurde das Modell zunächst für den bestehenden Fichtenreinbestand kalibriert. Die Parametrisierung erfolgte auf Grundlage der Ergebnisse zurückliegender Gebietsuntersuchungen (Langusch 1995, Abiy 1998, Sambale 1998) sowie Modellanpassungen in vergleichbaren Fichtenbeständen (Seegert 1998).

Wasserhaushaltsmodell BROOK 90

Die erforderlichen meteorologischen Eingangsdaten wurden direkt auf der Intensivmessfläche erhoben. Die Parametrisierung eines Buchenbestandes erfolgte auf Grundlage des modellinternen Beispielparametersatzes für Laubbäume, der mit Literaturwerten für den Standort angepasst wurde.

Stoffumsatz-
modell
NuCM

Für den Standort Schluchsee wurde das Stoffhaushaltsmodell NuCM (*Nutrient Cycling Model*) implementiert. Das Modell erlaubt die Quantifizierung von Effekten atmosphärischer Depositionen auf den Nährstoffkreislauf von Waldökosystemen (Johnson und Lindberg 1992; Lui et al. 1992). Das Einzugsgebiet wird zur Simulation in einzelne Kompartimente unterteilt (Vegetation, Schneedecke, mehrere Bodenkompartimente, Vorfluter). Vom Modell simulierte Wasserflüsse bilden die Eingangsdaten zur Berechnung der Konzentrationen gelöster und an die Festphase gebundener Elemente. Dabei werden die biogeochemischen Prozesse jedes Einzelkompartimentes simuliert. Weiterführende Angaben zu den Prozessen und zur Modellkalibrierung finden sich in Armbruster (1998). Mit dem kalibrierten Modell wurde eine starke Durchforstungsmaßnahme, wie sie einem Buchenvoranbau typischerweise voraus gehen würde, simuliert.

Ergebnisse

Wasser- und Stoffbilanzen

In Tabelle 2 sind die durchschnittlichen Wasser- und Elementflüsse der beiden Untersuchungsgebiete zusammengestellt. Die aktuelle Evapotranspiration (berechnet aus Freilandniederschlag minus

Gebietsaustrag) beträgt in Schluchsee 490 mm und in Rotherdbach 430 mm. Der Anteil der Interzeption und der Evapotranspiration beläuft sich in Schluchsee auf 66 % und in Rotherdbach 44 %. Die Einträge mit dem Freilandniederschlag (NF) sind in beiden Gebieten für die meisten Elemente vergleichbar.

Tabelle 2.
Durchschnittliche Wasser- und Elementflüsse mit Freilandniederschlag (NF) Bestandesniederschlag (NB), und Gebietsaustrag (GA) sowie berechnete Gesamtdeposition (GDP). Alle Elementflüsse in kg ha^{-1} a^{-1}.

	Schluchsee (HJ88 – HJ98)				Rotherdbach (HJ95 - HJ99)			
	NF	NB	GDP	GA	NF	NB	GDP	GA
mm H_2O	1867	1543		1381	989	803		563
H^+	0,34	0,26	0,43	0,01	0,32	0,91	1,43	0,42
Na^+	4,1	4,7	4,7	21,2	2,3	4,6	4,6	26,6
K^+	2,1	13,3	2,4	7,8	1,0	14,6	2,0	13,3
Ca^{2+}	3,9	6,1	4,6	13,6	3,5	13,6	7,0	41,3
Mg^{2+}	0,7	1,1	0,8	2,2	1,3	4,0	2,6	14,5
NH_4^+-N	5,0	3,6	5,7	0,1	6,7	8,7	13,4	0,2
NO_3^--N	4,5	5,4	5,5	6,9	6,4	11,4	12,8	10,9
N_{ges} [a]	9,5	8,9	11,2	7,0	13,1	20,1	26,2	11,1
SO_4^{2-}-S [b]	6,8	8,4	8,3	16,3	10,7	34,0	34,0	68,1
Cl^-	8,4	9,1	9,0	9,4	6,1	11,7	12,2	55,9
Al_{ges}	0,16	0,25	0,20	3,3	0,26	0,98	0,52	14,9
Mn_{ges}	0,06	0,41	0,07	0,23	0,05	0,35	0,10	1,40
Fe_{ges}	0,10	0,14	0,12	0,11	0,14	0,47	0,28	0,41
DOC	21,4	57,0		18,9				26,8

[a] $N_{tot} = NH_4^+$-N + NO_3^--N

[b] Rotherdbach S_{ges} (SO_4^{2-}-S + S_{org})

Geringere Na^+- und Cl^--Einträge im Freiland in Rotherdbach sind typisch für das meerfernere Gebiet im Erzgebirge. Dagegen sind die N_{ges}- und SO_4^{2-}-Einträge in Rotherdbach im Freilandniederschlag etwas erhöht. Die Einträge mit dem Bestandesniederschlag und die berechnete Gesamtdeposition sind in Rotherdbach dagegen deutlich höher als

Depositions-
anteile

in Schluchsee. In Schluchsee spielt die trockene Deposition (GDP – NF) mit 10 bis 20 % Anteil an der Gesamtdeposition nur eine untergeordnete Rolle. In Rotherdbach kann dagegen der überwiegende Anteil der H^+- und SO_4^{2-}-Gesamtdeposition der Trockenen Deposition zugeordnet werden. Für die weiteren Elemente beträgt der Anteil der Trockenen Deposition etwa 50 %. Die Elementflüsse des konservativen Elements Cl^- sind in Schluchsee ausgeglichen. Dies unterstreicht die hydrologische Eignung des Einzugsgebietes. Hingegen ist für Rotherdbach die Cl^--Bilanz negativ, was durch die winterliche Ausbringung von Streusalz auf einer Durchgangsstraße im oberen Teil des Einzugsgebietes erklärt wird (Abiy 1998).

Sulfataustrag

Stickstoff-
austrag

Beide Untersuchungsgebiete zeigen eine Netto-Freisetzung von SO_4^{2-}. Der durchschnittliche Gebietsaustrag mit dem Bachwasser ist in beiden Gebieten etwa doppelt so groß wie der Gebietseintrag (Gesamtdeposition, Tabelle 2). Der Netto S-Austrag (berechnet aus Gebietsaustrag minus Gesamtdeposition) beträgt $8\,kg\,ha^{-1}\,a^{-1}$ in Schluchsee und $34\,kg\,ha^{-1}\,a^{-1}$ in Rotherdbach. Stickstoff wird dagegen in beiden Gebieten im Ökosystem zurückgehalten (Schluchsee: $4\,kg\,ha^{-1}\,a^{-1}$ N; Rotherdbach $15\,kg\,ha^{-1}\,a^{-1}$ N). Als Folge der höheren Gebietsausträge der Anionen Cl^-, NO_3^- und SO_4^{2-} sind in Rotherdbach auch deutlich höhere Kationenausträge (Na^+, K^+, Ca^{2+}, Mg^{2+}) und Al_{ges}-Austräge vorhanden. In Schluchsee liegt etwa 50 % des Al_{ges} in anorganischer Form (überwiegend Al^{3+}) vor (Armbruster 1998, Prietzel und Feger 1996). Für Rotherdbach liegen keine Daten zu anorganischen Al-Spezies vor. Der überwiegende Anteil des gemessenen Al_{ges}-Austrages dürfte aufgrund der Größenordnung ($15\,kg\,ha^{-1}\,a^{-1}$) allerdings in Ionen-Form im Bachwasser vorliegen.

Zeitliche Veränderungen

Deposition

In beiden Untersuchungsgebieten zeigen sich signifikante Rückgänge der SO_4^{2-}-Einträge im Freiland- und Bestandesniederschlag (Tabelle 3, Abbildung 2). Exemplarisch sind in Abbildung 3 die Ergebnisse des Zeitreihenmodells für SO_4^{2-} in Rotherdbach dargestellt. Die über das Zeitreihenmodell bestimmten jährlichen Rückgänge an SO_4^{2-} sind in Rotherdbach etwa 10fach höher als in Schluchsee. Die gemessenen S-Einträge mit dem Bestandesniederschlag sind in Rotherbach im Untersuchungszeitraum von 46 kg ha^{-1} a^{-1} (1994) auf 23 kg ha^{-1} a^{-1} (1999) zurückgegangen (Abbildung 2). Die Aufsummierung der jährlichen Rückgänge des Zeitreihenmodells (2,6 kg ha^{-1} a^{-1}) über den 6jährigen Untersuchungszeitraum ergibt dagegen eine Abnahme um 16 kg ha^{-1}. Aufgrund der niedrigeren Eintragssituation in Schluchsee fällt hier der Rückgang deutlich geringer aus. Die Messwerte sind von 12 kg ha^{-1} a^{-1} S-Eintrag im Jahr 1988 auf 5,6 kg ha^{-1} a^{-1} S im Jahr 1998 zurückgegangen (Abbildung 2). Die Summation der jährlichen Eintragsrückgänge der Zeitreihenanalyse ergibt für den 11jährigen Untersuchungszeitraum 3,1 kg ha^{-1} a^{-1}. In beiden Untersuchungsgebieten sind die N-Einträge im Bestandsniederschlag zurückgegangen. Obwohl in Schluchsee geringere N-Einträge gemessen wurden, sind hier die höheren Rückgänge zu verzeichnen. Im Bestandesniederschlag konnte dagegen nur in Schluchsee ein Eintragsrückgang für N beobachtet werden. In Schluchsee wurden signifikante Abnahmen der Ca^{2+}- und Mg^{2+}-Einträge, sowohl im Freiland- als auch im Bestandsniederschlag ermittelt. Dabei zeigt die Mg^{2+}-Deposition aufgrund der niedrigen Eintragssituation nur eine geringe Rückläufigkeit.

Entwicklung der S-Deposition

Entwicklung der N-Deposition

Entwicklung der Deposition basischer Kationen

In Rotherdbach zeigen die Ca^{2+}-Einträge jährliche Abnahmeraten von 0,2 kg ha^{-1} a^{-1} im Freiland- und 0,46 kg ha^{-1} a^{-1} im Bestandesniederschlag. Für Mg^{2+} konnte in Rotherdbach kein signifikanter Trend nachgewiesen werden.

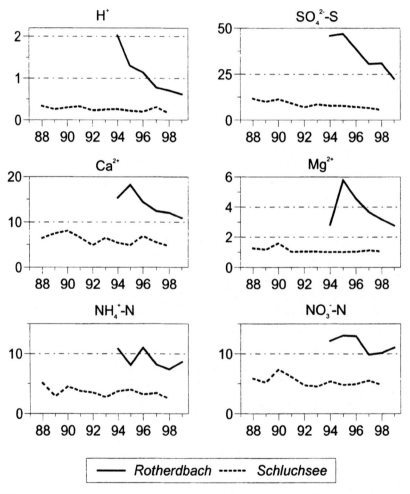

Abbildung 2.
Zeitliche Entwicklung der Einträge mit dem Bestandesniederschlag (kg ha^{-1} a^{-1}) der beiden Untersuchungsgebiete. Auf der X-Achse sind hydrologische Jahre (Nov. - Okt.) angegeben

Tabelle 3.

Ergebnisse der Zeitreihenanalyse im Freilandniederschlag (NF) und Bestandesniederschlag (NB) der beiden Untersuchungsgebiete. Alle Trendangaben in g ha^{-1} a^{-1}

	H^+			Ca^{2+}			Mg^{2+}			SO_4^{2-}-S			N_{ges} [a]		
	Trend	p	r^2	Trend	p	r^2	Trend	p	r^2	Trend	p	r^2	Trend	p	r^2
SCHLUCHSEE (HJ88-HJ98)															
NF	ns [b]		0,53	-82	**	0,29	-16	***	0,53	-88	*	0,46	-103	*	0,61
NB	-5	*	0,49	-132	**	0,37	-18	**	0,40	-281	***	0,50	-166	**	0,46
ROTHERDBACH (HJ94-HJ99)															
NF	-37	**	0,19	-181	**	0,29	ns [b]		0,19	-983	**	0,65	-54	**	0,54
NB	-116	***	0,44	-455	*	0,32	ns [b]		0,38	-2621	**	0,50	ns [b]		0,30

* p < 0,05; ** p < 0,01; *** p < 0,001

[a] N_{ges} = NH_4^+-N + NO_3^--N; [b] ns = nicht signifikant

Sickerwasser und Bachwasser

Die Ergebnisse der Zeitreihenanalyse der Element-konzentrationen im Bodensickerwasser und Bachwasser sind für das Einzugsgebiet Schluchsee in Tabelle 4 zusammengestellt. Abbildung 3 zeigt zusätzlich den Vergleich der aktuellen Werte mit den Prognosen des Zeitreihenmodells (exemplarisch für SO_4^{2-}). Der Rückgang der S-Einträge hat im Sickerwasser und Bachwasser zu einem Rückgang der SO_4^{2-}-Konzentrationen geführt. Dabei ist der berechnete Rückgang im Bachwasser mit 1 µmol$_c$ l^{-1} a^{-1} geringer als im Bodensickerwasser (2,4-2,7 µmol$_c$ l^{-1} a^{-1}). Der zeitliche Trend für die „basischen" Kationen ist nicht für alle Kationen konsistent. Nur Ca^{2+} und Mg^{2+} zeigen signifikante Konzentrationsrückgänge in allen beobachteten Kompartimenten. Natrium zeigt dagegen einen signifikanten Anstieg im 30 cm Bodentiefe, während in den anderen Kompartimenten kein signifikanter

Ergebnisse der Zeitreihenanalyse

Trends für Sulfat und basische Kationen

Tabelle 4.

Ergebnisse der Zeitreihenanalyse der Elementkonzentrationen im Bodensickerwasser ausgewählter Bodentiefen und im Bachwasser des Einzugsgebietes Schluchsee

1.11.87 - 31.10.98		Bodensickerwasser [d]						Bachwasser		
		30 cm Tiefe			80 cm Tiefe					
		Trend	p	r^2	Trend	p	r^2	Trend	p	r^2
H^+	$(\mu mol_c\ l^{-1})$	+2,9	***	0,23	+0,7	***	0,16	-0,04	**	0,80
NH_4^+	$(\mu mol_c\ l^{-1})$		ns	0,14		ns	0,14		a	
Na^+	$(\mu mol_c\ l^{-1})$	+0,5	**	0,36		a			ns	0,70
K^+	$(\mu mol_c\ l^{-1})$	-0,6	***	0,10		a		+0,1	***	0,25
Ca^{2+}	$(\mu mol_c\ l^{-1})$	-1,0	***	0,50	-0,5	*	0,16	-1,0	***	0,25
Mg^{2+}	$(\mu mol_c\ l^{-1})$	-0,4	***	0,29	-0,9	***	0,48	-0,1	***	0,36
NO_3^-	$(\mu mol_c\ l^{-1})$	-1,4	***	0,33		a		+0,3	***	0,60
SO_4^{2-}	$(\mu mol_c\ l^{-1})$	-2,4	***	0,18	-2,7	***	0,29	-1,0	***	0,54
Cl^-	$(\mu mol_c\ l^{-1})$	+0,6	*	0,14		ns	0,25	+0,2	***	0,22
Al_{ges}	$(\mu g\ l^{-1})$	-25,1	***	0,30	-16,0	*	0,19	-3,6	***	0,81
Mn_{ges}	$(\mu g\ l^{-1})$	-1,6	***	0,45	-1,6	***	0,29	-0,5	***	0,76
Fe_{ges}	$(\mu g\ l^{-1})$		ns	0,32	-0,3	*	0,13	+0,2	***	0,24
DOC	$(mg\ l^{-1})$	+0,8	***	0,59	+0,3	***	0,39	+0,1	***	0,37
SNK	$(\mu mol\ l^{-1})$	+1,7	**	0,22	+2,4	***	0,33		ns	0,68
ΣBC [b]	$(\mu mol_c\ l^{-1})$	-1,6	***	0,27	-1,2	*	0,12	-0,7	***	0,51
ΣA [c]	$(\mu mol_c\ l^{-1})$	-2,2	***	0,19	-4,6	**	0,24	-0,3	*	0,65

*** $p < 0,001$; ** $p < 0,01$; * $p < 0,05$; ns nicht signifikant
[a] Model nicht signifikant
[b] Summe „basischer" Kationen ($[Na^+] + [K^+] + [Ca^{2+}] + [Mg^{2+}]$)
[c] Summe der Anionen starker Säuren ($[Cl^-] + [NO_3^-] + [SO_4^{2-}]$)
[d] Bodensickerwasser nur bis Oktober 1997 gemessen

Trend zu beobachten ist. Wird die Summe der „basischen" Kationen (ΣBC) betrachtet, zeigt sich eine Abnahme in allen Kompartimenten. Ebenfalls signifikant abnehmend sind die Konzentrationen von Al_{ges}, Mn_{ges} und die Summe der Anionen starker Säuren (ΣA). Als Folge der höheren Abnahme der Summe der Anionen starker Säuren (ΣA) im Vergleich zu der Summe „basischer" Kationen (ΣBC) im Bodensickerwasser steigt die Säureneutralisationskapazität (SNK) hier signifikant an. Im Bachwasser wurde dagegen kein signifikanter Trend bei der Säureneutralisationskapazität festgestellt. Im tiefern Sickerwasser (80 cm) war die Anwendung des Zeitreihenmodells für die Ionen Na^+, K^+ und NO_3^- nicht signifikant. In der überwiegenden Anzahl der Fälle ist das Bestimmtheitsmaß r^2, das den Anteil der vom Modell beschriebenen Variabilität angibt, im Bachwasser höher als im Bodensickerwasser.

Säureneu-tralisations-kapazität

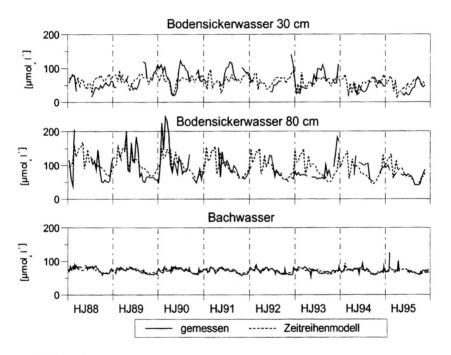

Abbildung 3.
Vergleich der gemessenen und mit dem Zeitreihenmodell vorhergesagten SO_4^{2-}-Konzentrationen im Bodensickerwasser und Bachwasser des Einzugsgebietes Schluchsee

Als Folge höherer Rückgänge in der Deposition ist auch die Abnahme der SO_4^{2-}-Konzentrationen in Rotherdbach stärker ausgeprägt (Tabelle 5). Wiederum sind die Konzentrationsrückgänge im Sicker-

Zeitreihen
für basische
Kationen

wasser (55 - 68 μmol_c l^{-1} a^{-1}) höher als im Bachwasser (41 μmol_c l^{-1} a^{-1}). Von den „basischen" Kationen weist im Rotherdbach nur das Ca^{2+} in allen Kompartimenten einen Konzentrationsrückgang auf. Folgerichtig ist für die Summe „basischer" Kationen (ΣBC) ebenfalls ein Rückgang erkennbar. Nur in 80 cm Bodentiefe, wo der geringste Ca^{2+}-Rückgang ermittelt wurde, ist kein signifikanter Trend der Summe „basischer" Kationen vorhanden. Die NO_3^-- und Al_{ges}-Konzentrationen zeigen ebenfalls einen signifikanten Rückgang. Im Einzugsgebiet Rotherdbach zeigt die Säureneutralisationskapazität (SNK) in allen Sickerwassertiefen sowie im Bachwasser eine Zunahme. In Schluchsee wurde keine SNK-Zunahme im Bachwasser festgestellt. Im Vergleich zu Schluchsee sind in Rotherbach die Fälle, bei denen eine signifikante Anwendung des Zeitreihenmodells nicht möglich war, höher. Wie schon für Schluchsee gezeigt, sind die Bestimmtheitsmaße des Zeitreihenmodells (r^2) im Bachwasser höher als im Bodensickerwasser.

Zeitreihen
für SNK

Die Zeitreihen von NO_3^- im Bachwasser zeigen in den beiden Einzugsgebieten sehr unterschiedliche zeitliche Dynamiken (Abbildung 4; Tabellen 4 u. 5). In Schluchsee, wo eine Abnahme der N-Deposition festgestellt wurde (Tabelle 3), stieg die NO_3^--Konzentration im Bachwasser im Untersuchungszeitraum schwach an (Abbildung 4a). Im Rotherdbach (Abbildung 4b) ist dagegen ein starker Konzentrationsrückgang zu beobachten. Die N-Deposition ist in diesem Untersuchungsgebiet nur im Freilandniederschlag schwach rückläufig (Tabelle 3). Zudem ist in Rotherdbach die jahreszeitliche Saisonalität der NO_3^--Konzentration im Bachwasser deutlich geringer ausgeprägt als in Schluchsee.

Zeitreihen
für Nitrat

Tabelle 5.

Ergebnisse der Zeitreihenanalyse der Elementkonzentrationen im Bodensickerwasser ausgewählter Bodentiefen und im Bachwasser des Einzugsgebietes Rotherdbach

1.11.94 - 31.10.99	30 cm Tiefe			Bodensickerwasser 60 cm Tiefe			80 cm Tiefe			Bachwasser		
	Trend	p	r²	Trend	p	r²	Trend	p	r²	Trend	p	r²
H⁺ (µmol$_c$ l⁻¹)			a			a			a			a
NH₄⁺ (µmol$_c$ l⁻¹)			a			a			a			a
Na⁺ (µmol$_c$ l⁻¹)	+5,5	***	0,40			a			a	-5,1	*	0,56
K⁺ (µmol$_c$ l⁻¹)			a			a			a			a
Ca²⁺ (µmol$_c$ l⁻¹)	-24,6	***	0,47	-11,6	***	0,72	-8,0	***	0,46	-24,7	***	0,38
Mg²⁺ (µmol$_c$ l⁻¹)			a	-6,3	***	0,46			a	-4,9	*	0,12
NO₃⁻ (µmol$_c$ l⁻¹)	-6,3	**	0,43	-3,9	*	0,27	-9,0	***	0,49	-17,4	***	0,73
SO₄²⁻ (µmol$_c$ l⁻¹)	-59,6	***	0,30	-68,0	***	0,58	-55,1	**	0,28	-41,2	***	0,41
Cl⁻ (µmol$_c$ l⁻¹)		ns	0,24			a			a	-9,2	**	0,77
Al$_{ges}$ (µg l⁻¹)			a	-559	***	0,64	-667	***	0,34	-290	***	0,58
Mn$_{gest}$ (µg l⁻¹)	-4,1	*	0,23			a		ns	0,42	-14,2	***	0,46
Fe$_{ges}$ (µg l⁻¹)		ns	0,22			a			a		ns	0,19
DOC (mg l⁻¹)			a		ns	0,38	-0,9	***	0,52		ns	0,27
ANC (µmol l⁻¹)	+45,8	**	0,33	+57,0	***	0,52	+59,9	***	0,35	+44,5	***	0,61
ΣBC [b] (µmol$_c$ l⁻¹)	-26,1	**	0,31	-18,4	***	0,45		ns	0,19	-23,2	**	0,29
ΣA [c] (µmol$_c$ l⁻¹)	-67,6	**	0,38	-76,4	***	0,60	-62,5	**	0,34	-67,8	***	0,50

*** p < 0,001; ** p < 0,01; * p < 0,05; ns nicht signifikant; [a] Model nicht signifikant
[b] Summe „basischer" Kationen ([Na⁺] + [K⁺] + [Ca²⁺] + [Mg²⁺])
[c] Summe der Anionen starker Säuren ([Cl⁻] + [NO₃⁻] + [SO₄²⁻])

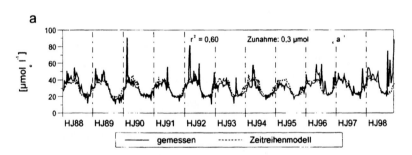

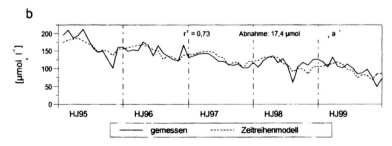

Abbildung 4.

Nitrat-Konzentrationen im Bachwasser der Einzugsgebiete Schluchsee (a) und Rotherdbach (b), Vergleich der Messwerte mit den Vorhersagen des Zeitreihenmodells

Modellprognosen zu forstlicher Bewirtschaftung und Waldumbau

Auswirkungen eines Bestockungswandels auf den Wasserhaushalt am Standort Rotherdbach

In Tabelle 6 sind die Modellergebnisse für den bestehenden Fichtenbestand zusammengefasst. Im Mittel liegen die simulierten Abflüsse ca. 9 % unter den gemessenen. Allerdings liegt keine gerichtete Unterschätzung durch das Modell vor; es sind Einzeljahre mit Überschätzung der gemessenen Abflüsse (2000) sowie Unterschätzung vorhanden (1997, 1999). Neben der Abflusssumme wurden zur Beurteilung der Modellgüte auch der zeitliche Verlauf der Tagesabflüsse sowie die Verteilung der Abflusskomponenten mit einbezogen. Hierzu wurden rechnerisch die Abflusskomponenten bestimmt (DIFGA, Schwarze et al. 1991) und mit der simulierten Komponentenverteilung verglichen. Zusammenfassend kann die Simulation der Wasserflüsse (auch unter Berücksichtigung der relativ kurzen Simulationszeit von vier Jahren) für den Standort Rotherdbach als befriedigend angesehen werden.

*Abfluss-
komponenten*

Tabelle 6.

Gemessene und mit BROOK90 simulierte Wasserflüsse am Standort Rotherdbach im Zeitraum der hydrologischen Jahre 1997 – 2000. NF: Freilandniederschlag; NB: Bestandesniederschlag; ETP: Evapotranspiration

Jahr (HJ)	NF [a]	NB BROOK90 (sim.)	ETP BROOK90 (sim.)	Abfluss BROOK90 (sim.)	gem.
1997	931	741	606	325	474
1998	1214	976	618	565	583
1999	1109	896	611	551	629
2000	1243	1029	592	632	563
∅	*1124*	*911*	*607*	*518*	*562*

[a] Niederschläge für Modellanwendung korrigiert nach Richter (1995)

In einem weiteren Schritt wurde mit dem Modell ein fiktiver Buchenbestand simuliert. Die Wasserflüsse der Mischbestände wurden durch flächengewichtete Addition der Wasserflüsse der Reinbestockungen ermittelt. Die Simulationsergebnisse verschiedener Bestockungsvarianten sind in Abbildung 5 zusammengestellt. Ein Wechsel zum Buchenreinbestand führt im Einzugsgebiet Rotherdbach demnach zu einer deutlichen Abflusszunahme. Der jährliche Gesamtabfluss eines potentiellen Buchenreinbestandes ist um 30 – 50 % höher als der des realen Fichtenbestandes; im Mittel ergibt sich für die vier Simulationsjahre eine Erhöhung um ca. 37 %. Überwiegend führt eine Zunahme des verzögerten Abflussanteils (Basisabfluss) zu dieser Erhöhung, der Direktabflussanteil nimmt weitaus weniger zu. Die Erhöhung der Jahresabflusssumme ist nicht gleichmäßig über das Jahr verteilt (Abbildung 6a).

Simulierte Wasserflüsse unter Buche

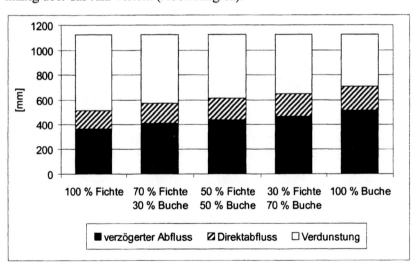

Abbildung 5.

Wasserhaushaltskomponenten Abfluss und Verdunstung verschiedener Bestockungsverhältnisse am Standort Rotherdbach. Der Abfluss ist untergliedert in verzögerten Abfluss und Direktabfluss. Dargestellt sind die Mittelwerte von vier Simulationsjahren

Verdunstung
Fichte/Buche

Während im Sommerhalbjahr die beiden Bestockungsvarianten annähernd gleiche Abflusshöhen
aufweisen, sind im Winterhalbjahr deutliche Unterschiede festzustellen. Die Ursache dieser unterschiedlichen zeitlichen Abflussdynamik ist im zeitlichen Verlauf der Verdunstung begründet (Abbildung 6 b). Im Winterhalbjahr hat die Fichte gegenüber der Buche deutlich höhere Verdunstungsraten,
was in der ganzjährigen Benadelung der Fichte und
dadurch im Winter im Vergleich zu Buche erhöhter
Interzeptionsverdunstung begründet ist.

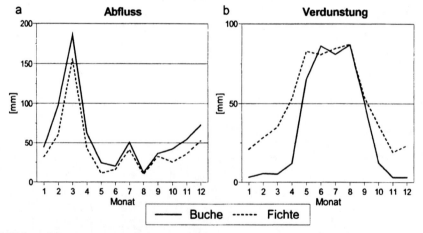

Abbildung 6.
BROOK90-Simulationen der mittleren monatlichen Abflusshöhe (a) und der mittleren monatlichen Verdunstungshöhe (b) des realen Fichtenbestandes und eines fiktiven Buchenbestandes am Standort Rotherdbach

Hydrologisches
Teilmodell

Auswirkungen einer starken Durchforstung am
Standort Schluchsee
Das hydrologische Teilmodell von NuCM lieferte
sowohl im Kalibrierungs- als auch im Validierungszeitraum zufriedenstellende Übereinstimmung zwischen Simulations- und Messwerten (Tabelle 7).

Dies bezieht sich nicht nur auf die in Tabelle 7 dargestellten Jahressummen sondern auch auf die zeitliche Dynamik von Bestandesniederschlag, Schneedecke und Abfluss sowie die an der Abflussbildung beteiligten Fließwege (Armbruster 1998). Die Simulation des biogeochemischen Teilmodells zeigt v.a. für die jährlichen Gebietsausträge eine relativ gute Übereinstimmung (Abbildung 7) und liefert somit plausible Ergebnisse.

Tabelle 7.
Gemessene und mit NuCM simulierte Wasserflüsse am Standort Schluchsee im Zeitraum der Simulationsjahre 1987/88 – 1995/96 (NF: Freilandniederschlag; NB: Bestandesniederschlag). Die gestrichelte Linie trennt den Kalibrierungs- vom Validierungszeitraum. Daten aus Armbruster (1998)

Jahr	NF [a]	NB		Evapotranspiration		Abfluss	
		NuCM (sim.)	gem.	NuCM (sim.)	HAUDE (pot.)	NuCM (sim.)	gem.
87/88	2472	2147	1960	513	493	1898	1974
88/89	1635	1322	1352	493	531	1198	1104
89/90	1695	1415	1424	482	616	1210	1173
90/91	1743	1480	1522	444	564	1295	1287
91/92	1710	1427	1366	466	659	1232	1196
92/93	1753	1467	1452	469	657	1296	1321
93/94	2384	2019	1954	504	440	1800	1844
94/95	2509	2179	2038	517	543	1943	1929
95/96	1471	1165	1188	479	441	1010	1011
∅	1930	1625	1584	485	549	1431	1427

[a] Niederschlag für Modellanwendung korrigiert (Armbruster 1998)

Die starke Durchforstungsmaßnahme (Entnahme von 25 % des Bestandes) führt in der Simulation zu einer Erhöhung der Abflüsse um ca. 14 %. Nach Durchforstung werden erhöhte Elementausträge für N_{ges}, Al_{ges}, Ca und K simuliert (Abbildung 8). Die S-, Mg- und Cl- Austräge zeigen dagegen nur für die ersten ein bis zwei Simulationsjahre erhöhte Austräge. In den Folgejahren ist im Vergleich zur undurchfor-

Bedeutung von Durchforstung für Stoffausträge

steten Variante ein geringerer Elementaustrag zu erkennen. Bei diesen Elementen macht sich hier als Folge der niedrigeren Nadeloberfläche die geringere Interzeptionsdeposition des durchforsteten Bestandes im geringeren Elementaustrag bemerkbar. Die Na-Austräge sind in der Durchforstungsvariante dagegen durchgehend geringer als in der undurchforsteten, was wiederum die Folge geringerer Interzeptionsdeposition sein dürfte.

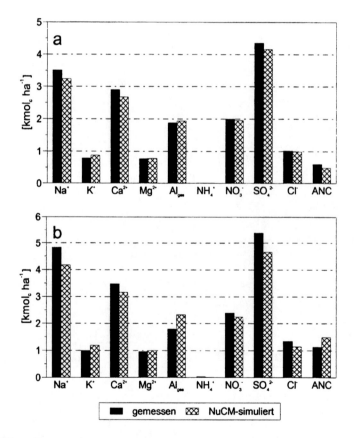

Abbildung 7.

Gemessene und mit dem Stoffhaushaltsmodell NuCM simulierte Elementflüsse (a: Kalibrierungszeitraum; b: Validierungszeitraum; Armbruster 1998)

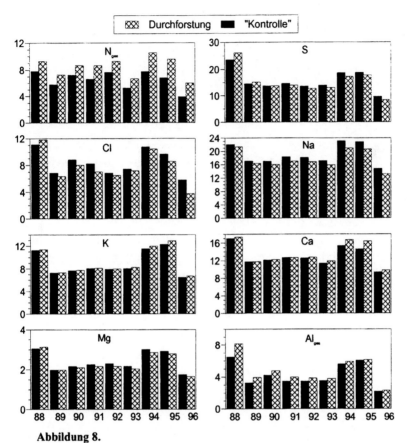

Abbildung 8.

Simulierte Elementflüsse mit und ohne Durchforstungsmaßnahme (Entnahme von 25 % des Bestandes). Alle Angaben in kg ha^{-1} a^{-1}

Diskussion

Einflüsse veränderter atmosphärischer Deposition

Die beiden Untersuchungsgebiete weisen ein deutlich unterschiedliches Depositionsklima auf. Während Schluchsee vergleichsweise gering atmogen belastet ist, war das Einzugsgebiet Rotherdbach bis in die jüngste Vergangenheit hinein durch extrem

Vergleich der Schwefeleinträge

*Organische und
anorganische
Bindung von
Schwefel*

*Regolith als
Sulfatspeicher*

hohe Stoffeinträge (v.a. von S) geprägt. Trotz der unterschiedlichen S-Eintragsniveaus sind an beiden Standorten im letzten Jahrzehnt signifikante Rückgänge der S-Einträge erkennbar. Die Stoffbilanz zwischen Eintrag und Austrag zeigt in beiden Gebieten eine Netto-S-Freisetzung. Offensichtlich wird in beiden Gebieten der zu Zeiten hoher S-Einträge im Boden gespeicherte Schwefel bei den derzeitigen Eintragsrückgängen wieder remobilisiert. Neben dieser Freisetzung anorganisch gebundenen Schwefels ist am Standort Schluchsee allerdings der sehr hohe Anteil organisch gebundenen Schwefels (78 % der S-Menge im Boden; Prietzel 1998), der vermutlich auch Fluktuationen unterworfen ist, zu beachten. Im Rotherdbach-Gebiet stellt dagegen die anorganische Fraktion den Hauptanteil des gespeicherten S im Boden dar (81 %; Prietzel schriftl. Mitt.). Im Bodensickerwasser und im Bachwasser führt der Rückgang der S-Deposition zu einem Rückgang der SO_4^{2-}-Konzentrationen. Dabei sind in beiden Gebieten die Rückgänge im Sickerwasser größer als im Bachwasser. Offensichtlich ist auch in der tieferen Sickerstrecke zwischen der Messebene des tiefen Sickerwassers (80 cm) und dem Vorfluter noch reversibel freisetzbarer Schwefel gespeichert. Auf die Bedeutung in der Zersatzzone gespeicherten Schwefels für die S-Umsätze im Ökosystem wurde auch von Manderscheid et al. (2000) hingewiesen.

Die Rückgänge beim Hauptanion SO_4^{2-} führten im Bodensickerwasser und Bachwasser auch zu Rückgängen in der Summe der „basischen" Kationen ($Na^+ + K^+ + Ca^{2+} + Mg^{2+}$) sowie bei Al_{ges}. Bei einem gleichzeitigen Rückgang der Einträge „basischer" Kationen (v.a. Ca^{2+}, Mg^{2+}), der an den Untersuchungsgebieten festgestellt wurde, sind negative Einflüsse eines S-Depositionsrückgangs auf die

Pufferkapazität nicht auszuschließen (Meesenburg et al. 1995). In beiden Untersuchungsgebieten war allerdings der Rückgang „basischer" Kationen im Sickerwasser (Ausnahme: Rotherdbach 80 cm: kein signifikanter Trend) deutlich geringer als der Rückgang bei SO_4^{2-} und der Anionensumme. Dadurch stieg die Säureneutralisationskapazität (SNK) in allen betrachteten Sickerwassertiefen signifikant an. Ein SNK-Rückgang im Sickerwasser durch die Abnahme der Ca-(Mg-)Einträge konnte nicht festgestellt werden. Im Gegensatz zu der an beiden Standorten im Sickerwasser festgestellten SNK-Zunahme lässt sich für Schluchsee im Bachwasser keine Veränderung bei der SNK nachweisen. In Bachwasser des Rotherdbach-Einzugsgebietes wurde dagegen eine ausgeprägte SNK-Zunahme ermittelt, die als Reversibilität der Gewässerversauerung interpretiert werden kann. Allerdings ist die SNK an diesem Standort im Mittel noch negativ, während sie am Standort Schluchsee neutral bis schwach positiv ist (Armbruster 1998).

Verringerte Puffer-kapazität aufgrund abnehmender Depositionen

Trends SNK

Die Konzentrationstrends von NO_3^- im Bachwasser sind auch im Zusammenhang zur Entwicklung der N-Retention in den Gebieten interessant. Hier erstaunt zunächst, dass trotz leichtem Rückgang der N-Deposition im Bachwasser des Schluchsee-Gebiets ein gegenläufiger Trend, also eine Zunahme der NO_3^--Konzentrationen, zu beobachten ist. Armbruster (1998) ermittelte bei der Analyse einer etwas kürzeren Zeitreihe (1988-1995) in Schluchsee bei nahezu unveränderten N-Einträgen einen leichten Rückgang der NO_3^--Konzentrationen im Bachwasser. Bei Betrachtung des Konzentrationsverlaufs (Abbildung 8) fällt auf, dass v.a. in den letzten beiden Untersuchungsjahren erhöhte NO_3^--Konzentrationen und -Saisonalität gemessen wurden.

Entwicklung der Nitratausträge

Gründe für die
N-Dynamik

Hier machen sich offenbar Auswirkungen eines starken Schneebruchs im Winter 1996/97 bemerkbar. In den entstandenen Lücken kam es dort offenbar wegen stärkerer Einstrahlung zu einer intensiveren Mineralisation (Fink et al. 1999). Im Bachwasser des Rotherdbach-Einzugsgebietes wurde dagegen ein ausgeprägter Rückgang der NO_3^--Konzentrationen ermittelt, obwohl die N-Deposition nur andeutungsweise rückläufig ist. Denkbar ist hier ein Einfluss der stark rückläufigen S- und Säuredeposition im Gebiet, der zu einer erhöhten Vitalität von Bestand und Bodenmikroorganismen und dadurch einer verstärkten N-Retention im terrestrischen Ökosystem geführt haben könnte.

Modellanwendung

Abflussmodellie-
rung mit
BROOK 90

Effekte von
Waldumbau-
maßnahmen

Veränderungen der vertikalen und horizontalen Bestandesstruktur, wie sie beim Waldumbau angestrebt werden, können über veränderte Raten bei Niederschlag und Verdunstung zu Veränderungen in der Höhe und zeitlichen Verteilung der Grundwasserabsickerung sowie des Gebietsabflusses führen. Die Prognosen des Wasserhaushaltsmodells BROOK90 für das Einzugsgebiet Rotherdbach zeigen diese Veränderungen für fiktive Bestände. Mit zunehmenden Buchenanteil steigt die Abflusssumme. Hingegen erwartet Matzner (1998) von einer Überführung von Fichtenwäldern in buchendominierte Mischwälder nur eine geringe Änderung von Grundwasserspende und Abfluss, da sich Effekte einer geringeren Interzeption von Buchen- im Vergleich zu Fichtenbeständen mit der höheren Transpiration von Buchenbeständen vermutlich überlagern. Bei der Interpretation der hier vorgestellten Simulationsrechnungen ist zu beachten, dass es sich bei der Prognose der Mischbestände nur um einfache, flächengewichtete

Additionen der Reinbestockungen handelt. Mögliche Interaktionen in Mischbeständen bleiben somit unberücksichtigt. Andererseits zeigt schon der fiktive Buchenreinbestand am Standort Rotherdbach eine erhöhte Abflusssumme. Ob allerdings der Einfluss einer vermutlich dichteren Bodenvegetation hier ausreichend berücksichtigt ist, muss ebenfalls offen bleiben. Denn nach starker Durchforstung oder Kahlhieben stellt sich meist rasch eine Sekundärvegetation ein, die eine Verdunstungshöhe der ursprünglichen Bestände erreichen kann (Schmidt 1997). Ob eine aufkommende Sekundärvegetation in der NuCM-Simulation der starken Durchforstungsmaßnahme ausreichend berücksichtigt ist, kann angesichts fehlender experimenteller Daten am Standort nicht abschließend beurteilt werden. Die Höhe der Veränderungen in Abfluss und Elementaustrag sind vor diesem Hintergrund sicherlich als „worst-case" Szenario zu interpretieren. Allerdings kann damit die Größenordnung zu erwartender Effekte aufgezeigt werden.

Modellie-rungen als „worst-case" Szenario

Danksagung

Die Arbeiten wurden aus Mitteln des Landes Baden-Württemberg (PEF, Forschungszentrum Karlsruhe), des Bundesministeriums für Bildung und Forschung (BMBF) und des Freistaates Sachsen (Sächsisches Staatsministerium für Umwelt und Landwirtschaft) gefördert.

Literatur

Abiy M (1998) Standortskundliche und hydrochemische Untersuchungen in zwei Wassereinzugsgebieten des Osterzgebirges. Diss. TU Dresden, 151 S.

Alewell C (1995) Sulfat-Dynamik in sauren Waldböden – Sorptionsvermögen und Prognose bei nachlassenden Depositionen. Bayreuther Forum Ökologie 19, 185 S.

Alewell C, Armbruster M, Bittersohl J, Evans C, Meesenburg H, Moritz K, Prechtel A (2001) Are there signs of acidification reversal after two decades of reduced acid input in the low mountain ranges of Germany? Hydrol. and Earth Syst. Sci. 5, 367-378

Alewell C, Manderscheid B, Gerstberger P, Matzner E (2000) Effects of reduced atmospheric deposition on soil solution chemistry and elemental contents of spruce needles in NE-Bavaria, Germany. J. Plant Nutr. Soil. Sci 163, 509-516

Armbruster M (1998) Zeitliche Dynamik der Wasser- und Elementflüsse in Waldökosystemen. Freiburger Bodenkundl. Abh. 38, 301 S.

Armbruster M, Matzner E (2001) Indikatoren des Stoffhaushalts in Waldökosystemen. Bayreuther Forum Ökologie 78, 189 - 204

Brahmer G (1990) Wasser- und Stoffbilanzen bewaldeter Einzugsgebiete im Schwarzwald unter besonderer Berücksichtigung naturräumlicher Ausstattung und atmogener Einträge. Freiburger Bodenkundl. Abh. 25, 295 S.

Brooks RH, Corey AT (1964) Hydraulic properties of porous media. Colo. St. Univ. Hydrol. Pap. 3, 1-27

Federer CA (1995) BROOK90 – A simulation model for evapotranspirtation, soil water and stream flow, Version 3.24. Computer freeware and documantation. USDA Forest Service, Durham, USA

Feger KH (1993) Bedeutung von ökosysteminternen Umsätzen und Nutzungseingriffen für den Stoffhaushalt von Waldökosystemen. Freiburger Bodenkundl. Abh. 31, 237 S.

Feger KH (1997/98) Boden- und Wasserschutz in mitteleuropäischen Wäldern - I. Rahmenbedingungen. - Bodenschutz 2, 18-23; II. Gefährdungspotentiale und Bewertung. - Bodenschutz 2, 134-138; III. Waldbauliche Möglichkeiten und Maßnahmen des technischen Bodenschutzes. - Bodenschutz 3, 103-108

Fink S, Feger KH, Gülpen M, Armbruster M, Lorenz K (1999) Magnesium-Mangelvergilbung an Fichte - Einfluß von frühsommerlicher Trockenheit und Dolomit-Kalkung. FZKA-BWPLUS-Berichtsreihe 25, http://bwplus.fzk.de/berichte/SBer/PEF197001SBer.pdf, 104 S.

Flieger A, Toutenburg H (1995) SPSS Trends für Windows. Arbeitsbuch für Praktiker. Prentice Hall, München, 150 S.

Hornung M, Roda F, Langan SJ (1990) A review of small catchment studies in western Europe producing hydrochemical budgets. – CEC Air Pollution Report 28, 186 S.

Johnson DW, Lindberg SE [Hrsg] (1992) Atmospheric deposition and nutrient cycling in forest ecosystems. Ecological studies 91. Springer-Verlag, New York, 707 S.

Langusch J (1995) Untersuchungen zum Ionenhaushalt zweier Wassereinzugsgebiete in verschiedenen Höhenlagen des Osterzgebirges. Dissertation TU Dresden, 183 S.

Likens GE, Bormann FH, Pierce RS, Eaton JS, Johnson NM (1977) Biogeochemistry of a forested catchment. Springer, New York, 146 S.

Lui S, Munson R, Johnson DW, Gherini S, Summers K, Hudson R, Wilkinson K, Pitelka LF (1992) The Nutrient Cycling Model (NuCM): Overview and application. In: Johnson DW und Lindberg SE (Eds.) Atmospheric deposition and nutrient cycling in forest ecosystems. Ecological Studies 91. Springer-Verlag, New York, S. 583-609

Manderscheid B, Schweisser T, Lischeid G, Alewell C, Matzner E (2000) Sulfate pools in the weathered bedrock of a forested catchment. Soil Sci. Soc. Am. J. 64, 1078-1082

Matzner E (1998) Zu Verhalten von Waldökosystemen bei veränderten Umweltbedingungen – Zusammenfassender Bericht über die Förderperiode 1995-1997. In: Bayreuther Institut für Terrestrische Ökosystemforschung (BITÖK) (Hrsg.) BITÖK-Forschungsbericht 1995-97. Bayreuther Forum Ökologie 58, 3-16

Meesenburg H, Meiwes KJ, Rademacher P (1995) Long term trends in atmospheric deposition and seepage in northwest German forest ecosystems. Water, Air and Soil Pollution 85, 611-616

Mitscherlich G (1981) Wald, Wachstum und Umwelt. Band 2: Waldklima und Wasserhaushalt. Sauerländer, Frankfurt, 365 S.

Moldan F, Wright RF (1998) Changes in runoff chemistry after five years of N addition to a forested catchment at Gardsjön, Sweden. Forest Ecol. and Management 101: 187-197

Nebe W, Roloff A, Vogel M [Hrsg] (1998) Untersuchungen von Waldökosystemen im Erzgebirge als Grundlage für einen ökologisch begründeten Waldumbau. Forstwissenschaftliche Beiträge Tharandt / Contributions to Forest Science 4, Selbstverlag der Fachrichtung Forstwesen, Technische Universität Dresden, Tharandt, 255 S.

Prietzel J (1998) Untersuchungen zum S-Haushalt – Zusammenfassende Diskussion. In: Raspe S, Feger KH, Zöttl HW [Hrsg] Ökosystemforschung im Schwarzwald. Auswirkungen von atmogenen Einträgen und Restabilisierungsmaßnahmen auf den Wasser- und Stoffhaushalt von Fichtenwäldern. Verbundprojekt ARINUS. Umweltforschung in Baden-Württemberg, ecomed Verlag Landsberg, S. 375-386

Prietzel J, Feger KH (1996) Dynamik von Aluminium und ökotoxischen Al-Bindungsformen in kleinen Fließgewässern nach Forstdüngung mit sulfatischen Magnesiumsalzen. Vom Wasser 87, 387-408

Reuss JO, Johnson DW (1986) Acid deposition and the acidification of soils and waters. Ecological Studies 59, Springer New York, 119 S.

Richter D (1995) Ergebnisse methodischer Untersuchungen zur Korrektur des systematischen Messverfahrens des Hellmann-Niederschlagsmesser. Berichte des Deutschen Wetterdienstes 194. Selbstverlag des DWD Offenbach a.M., 93 S.

Sambale C (1998) Experimentelle und modelgestützte Wasserhaushaltsuntersuchungen im System Boden-Pflanze-Atmosphäre. Internationales Hochschulinstitut Zittau. IHI Schriften 8

Schmidt S (1997) Zusammenhang von Wasser- und Stoffhaushalt in der Langen Bramke – Vergleich unterschiedlicher zeitlicher und räumlicher Maßstäbe. Berichte des Forschungszentrum Waldökosysteme Reihe A 146, 151 S.

Schwarze R, Hermann A, Münch A, Grünewald U, Schöniger M (1991) Rechnergestützte Analyse von Abflusskomponenten und Verweilzeiten in kleinen Einzugsgebieten, Acta hydrophysica Berlin 35 (2), 143-184

Seegert J (1998) Die interannuelle Variabilität des Wasserhaushaltes vor dem Hintergrund unterschiedlicher forstlicher Nutzung. Diplomarbeit, Institut für Hydrologie und Meteorologie, TU Dresden, unveröffentlicht

Shuttleworth WJ, Wallace JS (1985) Evaporation from sparse crops - an energy combination theory. Quart J Royal Meteorol Soc 111, 839-855

Siemens K (1998) Sensitivitätsanalyse der landnutzungsabhängigen Parameter des Wasserhaushaltmodelle BROOK90. Diplomarbeit, Institut für Hydrologie und Meteorologie, TU Dresden, unveröffentlicht

Stoddard JL, Jeffries DS, Lükewille A, Clair TA, Dillon PJ, Driscoll CT, Forsius M, Johannessen M, Kahl JS, Kellog JH, Kemp A, Mannio J, Monteith DT, Murdoch PS, Patrick S, Rebsdorf A, Skjelkvale BL, Stainton MP, Traaen T, van Dam H, Webster KE, Wieting J, Wilander A (1999) Regional trends in aquatic recovery from acidification in North America and Europe. Nature 401, 575-578

Swank TS, Crossley DA [Hrsg] (1988) Forest hydrology and ecology at Coweeta. Ecological Studies 66. Springer New York, 469 S.

Tarrasón L, Schaug J [Hrsg] (1999) Transboundary acid deposition in Europe. EMEP (Cooperative Programme for Monitoring and Evaluation of the Long-Range Transmission of Air pollutants in Europe) summary report 1999. Norwegian meteorological institute research report no. 83, 65 S.

Ulrich B (1983) Interactions of forest canopies with atmospheric constituents: SO_2 alkali and earth alkali cations and chroride. In: Ulrich B, Pankrats J [Hrsg] Effects of air pollutants in forest ecosystems. Reidel Publ. Co. Dortrecht, 33-45

Ulrich B (1991) Rechenweg zur Schätzung der Flüsse in Waldökosystemen. Identifizierung der sie bedingenden Prozesse. In: Volker G, Friedrich J [Hrsg] Beiträge zur Methodik der Waldökosystemforschung. Ber. d. For. Zentr. Waldökosysteme (B) 24, 204-210

van Miergroet H (1994) The relative importance of sulfur and nitrogen compounds in the acidification of fresh water. In: Steinberg CEW, Wright RF [Hrsg] Acidification of freshwater ecosystems: Implications for the future. Dahlem workshop reports. Environmental sciences research report 14. Wiley and Sons, Chichester, 33-49

Abflussdynamik

Untersuchungen zur Abflußdynamik in Einzugsgebieten

Mathias Weiland

Seit dem Inkrafttreten der EU-Wasserrahmenrichtlinie (EU-WRRL) am 22. Dezember 2000 existiert eine europaweite Vereinheitlichung des Gewässerschutzes. Zusätzlich werden mit ihr auch verschiedene neue Ansätze zum Umgang mit Gewässerressourcen eingeführt. Sie bildet zukünftig und seither die Grundlage der Gewässerbewirtschaftung. Entsprechend ihrem ganzheitlichen Ansatz, Gewässer von der Quelle bis zur Mündung zu bewirtschaften, fordert die Richtlinie, einen das gesamte Flusseinzugsgebiet umfassenden Bewirtschaftungsplan aufzustellen. Damit rückt neben dem direkten Bezug auf den eigentlichen Wasserkörper das Einzugsgebiet, in dem sich der Abflussprozess ausbildet und in dem wesentliche Stoffumsätze stattfinden, in den Mittelpunkt des Interesses.

Einzugsgebiete sind naturgemäß die geeigneten Bezugseinheiten für wasser- und stoffhaushaltliche Fragestellungen. Hierbei bedeutet Nachhaltigkeit - im Sinne des allgemein akzeptierten Leitbildes der Mensch-Umwelt-Beziehung - die Minimierung von Stoffverlusten aus der Landschaft. Durch diese Minimierung soll zum einen die Leistungsfähigkeit des Landschaftshaushaltes erhalten bleiben und zum anderen sollen die negativen Folgen des Austrages (z.B. Eutrophierung von Gewässern) begrenzt werden. Dabei sind unter der Regulation des Stoffhaushaltes eine Vielzahl von Teilsystemen zu verstehen, denn jede Stoffgruppe ist an spezifische Ein- und Austragspfade gebunden und verhält sich in ihrer Bindungs- und Transformationsfähigkeit unterschiedlich.

Zur Umsetzung der EU-WRRL ist es bis zum Jahr 2004 erforderlich, für die Bearbeitungsgebiete eine Bestandsaufnahme vorzunehmen. Wesentliches Element ist hierbei die Verständigung auf Kriterien für die Ermittlung von Belastungen sowie für die Bewertung der Auswirkungen auf die Gewässer. Danach ist bis 2006 ein Monitoringprogramm zu erstellen. Für die Bestandsaufnahme der Oberflächengewässer und des Grundwassers, die entsprechend Anhang II der EU-WRRL erfolgen muss, steht die Ermittlung von signifikanten anthropogenen Belastungen und die Einschätzung ihrer Auswirkungen auf den ökologischen Zustand der Oberflächengewässer an zentraler Stelle. Grundsätzlich fordert die EU-WRRL die natürlichen Wasservorräte für die menschliche Nutzung langfristig nutzbar zu halten und gleichzeitig ihre Funktion und Bedeutung für die Ökosysteme zu sichern. Die derzeit in Deutschland geübte Praxis des Gewässerschutzes steht dem aber in gewissem Umfang entgegen. Die wesentlichen Investitionen für den Gewässerschutz fließen seit Jahren in die Infrastruktur zur Abwasserbehandlung. Die derzeit bestehenden ökologischen Defizite an Fließgewässern resultieren jedoch immer weniger aus kontinuierlichen Abwassereinleitungen, sondern eher aus anderen anthropogenen Einflüssen. Diese beziehen sich außerdem nicht nur allein auf die Qualität des Wasserkörpers, sondern meist auf den Zustand von Gewässerbett, Uferzone und Einzugsgebiet. Daraus ist zu schließen, dass signifikante Belastungen sorgfältig und detailliert betrachtet werden müssen. Der Gewässerschutz muss sich, wenn er denn effizient wirken soll, an der ökologischen Wirksamkeit der vorgesehenen Maßnahmen orientieren, das heißt eine sinnvolle Balance zwischen der Verbesserung der Wasserqualität durch die Reduktion punktueller und diffuser Stoffeinträge und der Verbesserungen der Gewässerstrukturgüte erzielen. Denn der ökologische Zustand eines Fließgewässers ist das Ergebnis aller anthropogenen Einflüsse auf die abiotischen und biotischen Faktoren.

Ziel der EU-WRRL ist das Erreichen des „guten Zustandes" aller Oberflächengewässer. Die Richtlinie sieht dazu eine Beurteilung der chemischen Gewässerqualität sowie eine fünfstufige Klassifizierung der ökologischen Gewässerqualität mit den Stufen sehr gut (= Referenzzustand), gut (= Zielzustand), mäßig (= Handlungsbedarf), unbefriedigend (= Handlungsbedarf) und schlecht (= Handlungsbedarf) vor. Bezugspunkt im Teil Ökologie sind die Referenzbedingungen, die der sehr guten Gewässerqualität entsprechen und einen anthropogen weitgehend unbeeinflussten Gewässerzustand charakterisieren sollen.

Standorte, die die Referenzbedingungen in den einzelnen Gewässertypen repräsentieren, sind nach hydromorphologischen und physikalisch-chemischen Merkmalen auszuwählen und anschließend über biologischen Merkmale zu charakterisieren. Für Oberflächengewässer sind dabei drei Merkmalskomplexe vorgesehen, und zwar prioritär die Biologie

- bei den Fließgewässern mit den vier Merkmalen Phytoplankton, Makrophyten/Phytobenthos, Makrozoobenthos und Fischfauna, unterstützend die Hydromorphologie
- bei den Fließgewässern mit den drei Merkmalen Wasserhaushalt, Durchgängigkeit und Morphologie sowie ebenfalls unterstützend die physikalisch-chemischen Bedingungen
- mit den drei Merkmalsgruppen klassische Messgrößen, synthetische Schadstoffe und nichtsynthetische Schadstoffe.

Die sehr gute Gewässerqualität entspricht dabei vollständig oder weitgehend vollständig den natürlichen Bedingungen, während die gute Gewässerqualität geringfügig und der mäßige Zustand „mäßig" von den Referenzbedingungen abweicht. Für künstliche und erheblich veränderte Gewässer (*heavily modified water bodies*) wurde abweichend hiervon das höchste ökologische Potenzial als Referenz definiert, das dem Zustand nach Durchführung aller Verbesserungsmaßnahmen zur Gewährleistung der bestmöglichen ökologischen Durchgängigkeit entspricht. Dieser Referenzzustand orientiert sich somit nicht am Natürlichkeitsgrad des Gewässers, sondern am Sanierungspotenzial.

Eine Reihe der zur Umsetzung der EU-WRRL erforderlichen Begriffe (signifikante Belastungen, Punktquellen, diffuse Quellen) sind nicht definiert. Die Länderarbeitsgemeinschaft Wasser (LAWA) hat deshalb am 05. November 2002 „Kriterien zur Erhebung von anthropogenen Belastungen und Beurteilung ihrer Auswirkungen zur termingerechten und aussagekräftigen Berichterstattung an die EU-Kommission" beschlossen. Darin wird zwischen den auf die Oberflächenwasserkörper einwirkenden Belastungen (*pressures*) und den Beeinträchtigungen des ökologischen Zustandes der Oberflächenwasserkörper in Hinblick auf ihre biologischen, hydromorphologischen und physikalisch-chemischen Eigenschaften oder des chemischen Zustandes in Folge einer oder mehrerer Belastungen, die als Auswirkungen (*impacts*) bezeichnet werden, unterschieden. Unter Belastungen werden dabei die stofflichen Einträge durch Punktquellen und diffuse Quellen, Eingriffe in den Wasserhaushalt, Veränderungen der Gewässermorphologie, die Bodennutzung sowie andere anthropogene Einwirkungen (z.B. Bergbau) verstanden. „Nach dem Verständnis der EU-WRRL können daher als signifikante Belastungen in erster Linie diejenigen Belastungen angesehen werden, von denen eine nicht unbedeutende Einwirkung auf die Gewässer ausgehen kann und die deswegen bereits Gegenstand von EU-weiten Gewässerschutzregelungen sind." Die Mitgliedsstaaten sind verpflichtet, die signifikanten anthropogenen Belastungen innerhalb eines Einzugsgebietes zu ermitteln und darauf aufbauend zu beurteilen, wie empfindlich die Gewässer auf die festgestellten Belastungen reagieren. Stellt sich dabei heraus, dass Gewässer existieren, bei denen das Risiko besteht, die Umweltziele nicht zu erreichen, werden weitere abgestufte Maßnahmen erforderlich: Zunächst die Ausgestaltung geeigneter Monitoringprogramme (Artikel 8), danach gezielte Maßnahmeprogramme (Artikel 11). Darüber hinaus sind für jede Flussgebietseinheit Bewirtschaftungspläne aufzustellen (Artikel 13), in denen geeignete Maßnahmen zum erreichen der Umweltziele (Artikel 4) beschrieben werden. Diese Bewirtschaftungspläne müssen auch (lt. Anhang VII) eine "Einschätzung der Verschmutzung durch diffuse Quellen, einschließlich einer zusammenfassenden Darstellung der Landnutzung" beinhalten. Daraus dürfte sich ein erheblicher Bedarf an einzugsgebietsbezogenen hydrologischen Analysen bzw. Modellen, die landschaftsbezogen diese Prozesse abbilden, ergeben. Minderungsmaßnahmen müssen an den Stellen zum Einsatz kommen, an denen sie hinsichtlich der beabsichtigten Verbesserung des Gewässerzustandes einen möglichst guten Effekt haben und ferner den Zielen einer nachhaltigen Landschaftsentwicklung entsprechen. Dabei ist von Vorteil, dass das Wasser das in seinen Wirkungen am besten bekannte Landschaftshaushaltselement ist, weil es zum einen physikalisch messbar ist und zum anderen eine zentrale Stellung im Landschaftshaushalt als reliefformende Kraft und Stofftransportmittel einnimmt. Für die Einschätzung der Verschmutzung von Oberflächengewässern und Grundwasser durch Stoffaustragspotenziale bedarf es darüber hinaus Kenntnisse über das Weg-Zeit-Verhalten bis zum Eintrag in die Gewässer und auch über den Stoffabbau während des Transits. Treibende Kraft für den Stoffaustrag aus der Fläche sind die hydrologischen Prozesse der Abflussbildung und des Landschaftsabflusses. Die Stoffverfrachtung von der Fläche in das Gewässer erfolgt dabei in gelöster Form oder als Partikeltransport bei Abschwemmungen und Erosion. Als Quelle wirken die durch die Abflussprozesse mobilisierbaren Stoffüberschüsse, die aus Dünger- oder Wirkstoffapplikationen stammen bzw. aus der Mobilisierung von Stoffen des Bodenpools infolge von Bewirtschaftungsmaßnahmen herrühren.

Bei der später erforderlichen Ausarbeitung und Umsetzung von Maßnahme- plänen ist der unterschiedliche Wirkungsbereich von Maßnahmen zu beachten. So kann zum Beispiel der für ein Teileinzugsgebiet konzipierte Maßnahmeplan für die Gewässer in diesem Einzugsgebiet eine sehr gute Wirkung haben, jedoch in seinen Wirkungen auf das Hauptgewässer der Flussgebietseinheit bedeu- tungslos sein. Es ist somit zweckmäßig, sich bei einer einzugsgebietsbezogenen Vorgehensweise zunächst auf Maßnahmen in den Teileinzugsgebieten zu kon- zentrieren, die für das Hauptgewässer des Gesamteinzugsgebietes den größten Effekt versprechen. Nichtsdestotrotz kann die Problemlösung ausschließlich für komplette Flussgebiete nicht der Weisheit letzter Schluss sein. Der Minderung der Stoffeinträge aus diffusen Quellen und der Verbesserung des ökologischen Zustandes der Gewässer in kleinen Einzugsgebieten wird eine entscheidende Bedeutung zukommen, was letztlich auch der immer wieder geforderten Orien- tierung am Subsidiaritätsprinzip entspricht. Hinzu kommt in den kleinen Ein- zugsgebieten eine zumeist enge Verbundenheit aller für einvernehmliche Ent- scheidungen erforderlichen Partner mit ihrer Region und ihren Gewässern. Die Bereitschaft für gewässerverbessernde Maßnahmen und die Vermeidung von Gewässerbelastungen durch Landnutzungsmaßnahmen ist gestiegen und wird sicher durch die Aktivitäten im Kontext der Umsetzung der EU-WRRL weiter steigen. Es kommt darauf an, diese positive Grundhaltung mit adäquaten Pla- nungen und geeigneter Partizipation von Betroffenen und Akteuren zu entwi- ckeln und geeignete Fördermechanismen zum Einsatz zu bringen. Vor diesem Hintergrund sind die Untersuchungen der Herkunftsräume geogen vorhandener Elemente, der Mechanismen der Austragspfade, der Abflussbildung und der räumlichen und zeitlichen Dynamik von Stoffausträgen im mikro- bis mesoska- ligen Bereich von erheblichem Interesse. Darüber hinaus sind Rückschlüsse auf die Effizienz von Gewässerschutzmaßnahmen aus der Sicht der wasserwirt- schaftlichen Praxis außerordentlich wünschenswert.

Literatur

Richtlinie 2000/60/EG des Europäischen Parlamentes und des Rates vom 23. Oktober 2000 zur Schaffung eines Ordnungsrahmens für Maßnahmen der Gemeinschaft im Be- reich Wasserpolitik, Amtsblatt der Europäischen Gemeinschaften L327/1 vom 22.12.2000

Kriterien zur Erhebung von anthropogenen Belastungen und Beurteilung ihrer Auswirkungen zur termingerechten und aussagekräftigen Berichterstattung an die EU-Kommission, Stand 05. November 2002, beschlossen auf der 39. AG-Sitzung auf der Grundlage der auf der 119. LAWA-VV verabschiedeten Fassung

Raum-zeitliche Untersuchung von Trockenwetter-Abflusskomponenten in einem heterogenen Einzugsgebiet

Steffen Möller, Wolfhard Symader und Andreas Krein

Um die Variabilität des Trockenwetterabflusses in einem Fließgewässer zu erfassen, reichen die Messungen am Pegel alleine nicht aus, sondern das gesamte Einzugsgebiet muss in die Betrachtung einbezogen werden. Am Beispiel des Kartelbornbaches in der Südeifel wurde in einem ersten Schritt das Einzugsgebiet in neun „Subunits" unterteilt, die einen wichtigen Beitrag zur chemischen Zusammensetzung des Bachwassers leisten. Anschließend wurden diese „Subunits" und ihr Einfluss auf die Längsprofile chemischer Parameter im Kartelbornsbach auf ihre zeitliche Variabilität untersucht. Dabei war zu beobachten, dass auch manche geogenen Quellen zeitlich nicht invariante Eigenschaften aufweisen, sondern ihre Stoffkonzentrationen von den Niederschlags- und Bodenfeuchtebedingungen abhängig waren. Bei niedriger Bodenfeuchte im Spätsommer dominierte zudem der Einfluss geogener Quellen auf die Gewässerchemie des Kartelbornsbaches, da diese trotz eines geringen Abflusses eine sehr hohe Ionen-Konzentration aufwiesen.

Einführung und Fragestellung

Ziele der
Untersuchung

Für das Verständnis des Stofftransportes sind Kenntnisse über die einzelnen Stoffquellen, ihre Lage im Einzugsgebiet sowie ihre zeitliche Dynamik von Bedeutung. Die Stoffquellen weisen mitunter nicht nur bei Hochwasser zeitliche Variabilitäten auf, sondern auch im Basisabfluss unter Trockenwetterbedingungen. Ziel dieser Untersuchung war die Erfassung der zeitlichen Variabilität der wichtigsten Stoffquellen. Des weiteren sollte untersucht werden, inwiefern meteorologisch-hydrologische Parameter diese Variabilität beeinflussen. Die Untersuchung wurde in den Jahren 1999 bis 2002 von der Deutschen Forschungsgemeinschaft im Rahmen des Sonderforschungsbereiches "Umwelt und Region" an der Universität Trier gefördert.

Einzugsgebiet

Geologische
Situation

Der Kartelbornsbach in der Südeifel steht stellvertretend für viele Bäche im Bereich der mesozoischen Gesteinsabfolgen nördlich von Trier. Er hat eine Länge von 2,5 km und eine Einzugsgebietsgröße von 3,2 km². Die geologische Situation bedingt eine sehr heterogene Naturraumaustattung des Einzugsgebiets (Abbildung 1). Im untersuchten Bereich des Einzugsgebietes dominieren die Dolomite des Oberen Muschelkalkes und die Gipsmergel des Mittleren Muschelkalkes (Negendank 1983, Grzanna 1989). Die Schichten des Mittleren Muschelkalkes werden zusätzlich von einer holozänen Sedimentdecke überlagert, die bachabwärts an Mächtigkeit zunimmt (Rheinisches Landesmuseum 2001).

Die Höhenlagen des Einzugsgebietes nahe der Wasserscheide werden ackerbaulich genutzt, während auf den bachnahen Flächen Weidewirtschaft betrieben wird. Die Weideflächen werden von Drainagen durchzogen.

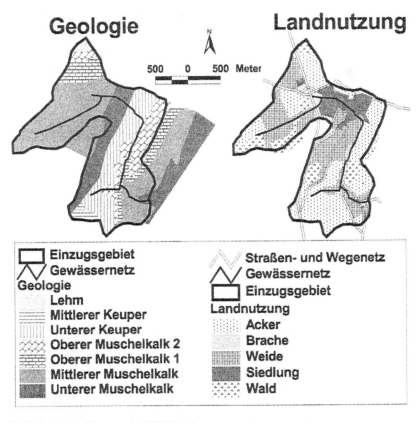

Geologie

N

500 0 500 Meter

Landnutzung

☐ Einzugsgebiet
⋀⋁ Gewässernetz
Geologie
▦ Lehm
▤ Mittlerer Keuper
▥ Unterer Keuper
▨ Oberer Muschelkalk 2
▤ Oberer Muschelkalk 1
▨ Mittlerer Muschelkalk
▨ Unterer Muschelkalk

⋀⋁ Straßen- und Wegenetz
⋀⋁ Gewässernetz
☐ Einzugsgebiet
Landnutzung
▦ Acker
▨ Brache
▨ Weide
▨ Siedlung
▨ Wald

Hydrologische Kennwerte (1990-1998)

Einzugsgebietsgröße:	3,2 km²	MQ	27,7 l/s
höchster Punkt:	403 m	MHQ	90,7 l/s
tiefster Punkt:	295 m	HQ	2890,8 l/s
NQ	2,9 l/s	HHQ	8675,6 l/s (7.7.2000,
MNQ	6,8 l/s		extrapoliert)

Abbildung 1.

Geologie und Landnutzung im Einzugsgebiet des Kartelbornsbaches (n. Möller 2002: 20) und hydrologische Kennwerte des Kartelbornsbaches im Beobachtungszeitraum 1990-98

Anthropogener
Einfluß im
Einzugsgebiet

Neben der Landnutzung spielt die Siedlungsstruktur eine wichtige Rolle für das Verständnis des Stofftransportes. Mehrere Gemeinden des Regierungsbezirkes Trier verfügen über Kläranlagen, deren Abwässer in die Oberläufe von Bächen eingeleitet werden. Im Norden des Einzugsgebietes des Kartelbornsbaches liegt die Ortschaft Newel, deren Kläranlage sich auf halber Fließstrecke ca. 1200 m oberhalb des Pegels befindet. Im Süden des Einzugsgebietes leiten einige Häuser des Weilers Kreuzerberg ebenfalls ihre Abwässer in den Bach.

Insbesondere von der Kläranlage konnte ein Einfluss auf die Wasserqualität des Kartelbornsbaches erwartet werden, da der Bach im Sommer nur einen geringen Abfluss aufweist und während des Hochsommers im Oberlauf völlig trocken fällt.

Methodik

Beprobung

Von 1999 bis 2001 wurden insgesamt 46 Längsprofile der elektrischen Leitfähigkeit gemessen und zusätzlich neun Längsprofile unter verschiedenen Trockenwetter-Abflussbedingungen beprobt. Auf einer Fließstrecke von 1250 m befanden sich insgesamt 21 Probennahmestellen, meistens vor und nach wichtigen Stoffquellen. Auch die 18 wichtigsten Stoffquellen wurden beprobt.

Analytik

Nach der Filtration der Proben über 0,45 µm Glasfaser-Filter erfolgte eine Analyse der wichtigsten anorganischen Ionen (Ca^{2+}, Mg^{2+}, Na^{2+}, K^+, Cl^-, SO_4^{2-}, NO_3^-, PO_4^{3-} und NH_4^+) und Schwermetalle (Zn, Fe, Mn und Cu).

Felduntersuchung

Auf der südlichen Wasserscheide und an der Kläranlage in der Mitte des Einzugsgebietes wurden

Niederschlagsmessgeräte installiert, um eine Abschätzung der Bodenfeuchte anhand der Vorregenin-
dices zu gewährleisten und eine Kategorisierung der
Längsprofile nach sehr hoher, mittlerer und sehr
niedriger Bodenfeuchte vorzunehmen.

Räumliche Variabilität

Die detaillierten Längsprofile mit geringen Distan-
zen zwischen den Messstellen ermöglichten eine
Untergliederung des Kartelbornsbaches nach den
wichtigsten Einzel-Stoffquellen und Gewässerab-
schnitten mit diffusen Quellen (Abbildung 2). Durch
die Analyse der Wasserproben konnten die Stoffquellen nach ihren dominanten Ionen charakterisiert
(Tabelle 1) und in geogene sowie anthropogene
Quellen unterschieden werden.

*Bachlängs-
profile*

Der Oberlauf des Baches (Einheit 1) beginnt im
Quellgebiet als landwirtschaftlicher Drainagegraben,
der in den späten Sommer- und den Herbstmonaten
meist trocken fällt. Während des niederschlagsrei-
chen Sommers im Jahre 2000 führte der Oberlauf
jedoch permanent Wasser, sodass die Abwasser der
Kläranlage verdünnt werden konnten. Bei Trockenfallen des Oberlaufs beginnt der Kartelbornsbach de
facto mit dem Auslauf der Kläranlage (Einheit 2).
Dies stellt eine besonders intensive Belastung des
Gewässers dar, da das Kläranlagenabwasser hohe
Schwermetall- und Nährstoffkonzentrationen aufweist und zum Teil in Folge ungenügender Nitrifi-
zierung auch hohe NH_4^+-Konzentrationen gemessen
wurden (z.B. am 21.07.2000 mit 20,1 mg/l).

*Anthropogene
Einflüsse im
Oberlauf*

Zwischen der Kläranlage 1230 m oberhalb des Pegels und der Grundwasserdrainage namens Kartelborn (590 m) durchfließt der Kartelbornsbach die

Schichten des Oberen Muschelkalkes (Einheit 3), in die er sich tief eingeschnitten hat.

Geogene Stoffquellen

Die geogenen Stoffquellen tragen vor allem Ca^{2+}, HCO_3^- und SO_4^{2-}-Ionen in den Bach ein. Die Grenze zwischen dem Eintrag von $CaCO_3$ und $CaSO_4$ ist fast identisch mit der Schichtgrenze zwischen dem dolomitischen Oberen Muschelkalk und den Gipsmergeln des Mittleren Muschelkalkes. Insbesondere der Kartelborn (Einheit 4), eine Grundwasserdrainage aus dem Oberen Muschelkalk, schüttet relativ konstante Mengen an $CaCO_3$-reichem Wasser.

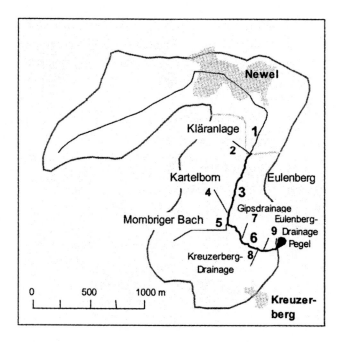

Abbildung 2.

Gliederung des Kartelbornsbaches nach stofftransportrelevanten Einheiten (Beschreibung in Tabelle 1, nach Möller und Symader 2001: 56)

*Geogener
Einfluss
(Sulfat)*

Etwa 570 m oberhalb des Pegels tritt der Kartelbornsbach in die Gesteine des Mittleren Muschelkalks (Einheit 7) ein. Zwischen 570 und 450 m
durchfließt er das anstehende Gestein und ab 450 m
in Richtung Pegel holozäne Sedimente mit zunehmender Mächtigkeit. Die Leitfähigkeiten und SO_4^{2-}-
Konzentrationen der in diesem Bereich beprobten
Quellen nehmen daher zum Pegel hin ab. Der steilste
Anstieg der Leitfähigkeit im Längsprofil ist bei
410 m an der Gipsdrainage (Einheit 6) zu beobachten. Die Drainage entwässert einen pseudovergleyten
Boden im Mittel- und Unterhang, der als Pferdewei-
de genutzt wird.

*Anthropogener
Einfluß*

*Saisonalität
des Nährstoff-
belastung*

150 bis 200 m oberhalb des Pegels befinden sich
mehrere Drainagen, die Abwasser (Abwasser-
Drainage Kreuzerberg als Einheit 8) oder tiefes Bodenwasser (z. B. Eulenberg-Drainage als Einheit 9)
führen. Mit der Kläranlage und der Abwasserdraina-
ge Kreuzerberg (Einheit 8) wurden zwar nur zwei
anthropogene Quellen lokalisiert, jedoch hatten sie
einen großen Einfluss auf die Gewässerchemie sowohl unter Trockenwetter-, als auch unter Hochwas-
serbedingungen. Unter sommerlichen Niedrigwas-
serbedingungen (Abfluss am Pegel ca. 15-20 l/s) war
ein starker Einfluss des Drainagen-Abwassers vom
Kreuzerberg auf den Chemismus des Kartelbornsbaches messbar. Bei Niedrigwasser in den Winter- und
Frühlingsmonaten (Abfluss am Pegel ca. 40-50 l/s)
dagegen zeigt sich nur ein geringer Anstieg der
Nährstoffkonzentrationen im Bach-Längsprofil nach
Passieren der Drainage. Daran ist bereits erkennbar,
dass alleine die Lokalisation der wichtigsten Stoffquellen die Muster der Chemographen im Längsprofil nicht hinreichend erklären kann. Auch die zeitliche Variabilität im Jahresverlauf muss berücksichtigt
werden.

Zeitliche Variabilität der Stoffquellen

Variabilitäten im Längsprofil sind in erster Linie auf die Variabilität der Stoffquellen zurückzuführen. Dabei ist zwischen geogen und anthropogen beeinflussten Quellen zu unterscheiden, da deren Variabilitätsmuster unterschiedlich ausgeprägt sind.

Bei anthropogenen Quellen konnte zwar grundsätzlich beobachtet werden, dass in den Sommermonaten der Abfluss niedriger ist als im Winter und Frühjahr, der Chemismus erwies sich jedoch in allen Jahreszeiten als sehr heterogen und zeigte keinen Jahresgang.

Anthropogene Quellen

Die geogenen Stoffquellen wiesen dagegen sowohl im Abfluss als auch in den Leitfähigkeiten und Stoffkonzentrationen einen Jahresgang auf. Zusätzlich wurde eine Abhängigkeit dieser Parameter vom Vorregenindex bzw. von den allgemeinen Bodenfeuchtebedingungen im Einzugsgebiet festgestellt.

Geogene Quellen

Tabelle 1.

Räumliche Gliederung der stofftransportrelevanten Einheiten am Kartelbornsbach nach Abbildung 2

Nr.	Bezeichnung der Einheit	dominierende Ionen
1	Oberlauf	Ca^{2+}
2	Kläranlage	Nährstoffe, Schwermetalle
3	Oberer Muschelkalk	Ca^{2+}, Fe, Mn
4	Kartelborn	Ca^{2+}, HCO_3^-
5	Mombriger Bach	Ca^{2+}
6	Gipsdrainage	Ca^{2+}, SO_4^{2-}
7	Mittlerer Muschelkalk	Ca^{2+}, SO_4^{2-}
8	Kreuzerberg-Abwasserdrainage	Nährstoffe
9	Eulenberg-Drainage	NO_3^-

Beim Vergleich verschiedener geogener Quellen ließen sich deutliche Unterschiede in den Reaktionsmustern finden (Abbildung 3). Beispielhaft sei hier der Trockenwetterzeitraum im Sommer und Herbst 1999 dargestellt. Bei Kartelborn, Mombriger Bach und Eulenberg-Drainage wurde wöchentlich die elektrische Leitfähigkeit gemessen, die Gipsdrainage wurde nahezu täglich beprobt. Sowohl der Kartelborn als auch die Eulenberg-Drainage wiesen eine äußerst geringe zeitliche Variabilität auf.

Extremereignisse im Bereich geogener Quellen

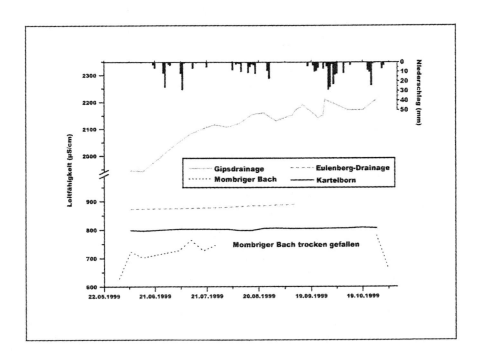

Abbildung 3.
Elektronische Leitfähigkeit verschiedener Stoffquellen im Sommer und Herbst

Die Leitfähigkeit des Kartelborns war nur während starker Niederschlagsereignisse Schwankungen unterworfen, die aber lediglich im Bereich von

10-20 µS/cm lagen. Die Eulenberg-Drainage zeigte sogar einen moderaten Anstieg der Leitfähigkeit. Demgegenüber stieg die Leitfähigkeit der Gipsdrainage insbesondere in den Sommermonaten stark an und lag am Ende des betrachteten Zeitraums fast 250 µS/cm höher als zu Beginn. Der ansteigende Trend konnte auch von längeren Niederschlagsperioden nicht völlig gestoppt werden. Zwar wurde registriert, dass unmittelbar nach den Niederschlägen die Leitfähigkeit gesunken war, doch wenige Tage später befand sie sich bereits wieder auf dem Ausgangsniveau bzw. lag sogar darüber. Eine mögliche Interpretation dieses Phänomens beruht auf der langen Verweilzeit des infiltrierten Niederschlages in den Boden- und Gesteinsschichten während der sommerlichen Trockenperioden. Dabei können die Ca^{2+}- und SO_4^{2-}-Ionen gelöst werden. Während der Niederschlagsereignisse im Herbst steigt der Anteil oberflächennahen Bodenwassers, sodass die Leitfähigkeit absinkt. Durch die geringere Verdunstung überwiegt der abwärts gerichtete Wasserstrom im Boden und durch die nachfolgenden Niederschläge wird immer mehr altes, mit Ionen angereichertes Grundwasser aus den tiefen Bodenschichten in die Drainage oder in den Bach gedrückt, sodass die Leitfähigkeit und die Stoffkonzentrationen des Drainagewassers ansteigen.

Der Mombriger Bach dagegen stellt eine Stoffquelle dar, die aus Grund-, Boden- und Oberflächenwasser gespeist wird. Insbesondere während oder nach Niederschlagsereignissen konnte in Folge des hohen Anteils an Oberflächenwasser eine niedrige Leitfähigkeit gemessen werden. Der Mombriger Bach wies allerdings über den gesamten Untersuchungszeitraum nur einen geringen Abfluss (ca. 0,5 - 3 l/s) auf und trocknete im Spätsommer und Herbst sogar aus.

Niederschlagseinfluss und elektrische Leitfähigkeit

Stoffanreicherung in „altem" Bodenwasser

„Gemischte" Abflusskomponenten

In den Jahren 2000 und 2001 durchgeführte Beprobungen während verschiedener Niederschlagsereignisse bestätigten, dass die Drainagen der Gesteine des Mittleren Muschelkalks auf Niederschläge durch ein Absinken der Leitfähigkeit und der SO_4^{2-}-Konzentrationen reagieren. Für Bodenwasserdrainagen war dieses Ergebnis durchaus zu erwarten. Doch auch im Kartelborn, der eigentlich als Grundwasserquelle angesprochen wurde, sank die Leitfähigkeit während des Niederschlages, wenn auch mit einer Verzögerung von etwa 4 Stunden. Hier kann lediglich spekuliert werden, dass in den geklüfteten dolomitischen Gesteinen des Oberen Muschelkalkes Fließwege existieren, die infiltriertes Niederschlagswasser relativ schnell zu dieser Quelle leiten.

Kurze Retentionszeiten

Neben der Variabilität innerhalb eines Niederschlagsereignisses spielt jedoch die Variabilität, die die Drainagen im Jahresverlauf zeigen, eine große Rolle für die Gewässerchemie unter Trockenwetterbedingungen. Da Kartelborn und Eulenberg-Drainage relativ ausgeglichene Jahresgänge aufweisen, erlangen die Drainagen in den Gesteinen des Mittleren Muschelkalk, z.B. die Gipsdrainage, für die Variabilität der Gewässerchemie im Längsprofil besondere Bedeutung.

Zeitliche Variabilität des Trockenwetterabflusses im Längsprofil

Die Einordnung der Längsprofile in die drei verschiedenen Bodenfeuchte-Kategorien zeigte, dass die chemische Zusammensetzung des Basisabflusses bei Trockenwetter in starkem Maße durch die Bodenfeuchtebedingungen bestimmt wurde.

Basisabfluß

*Identifizierung
von Stoffquellen
mit Ionen-
verhältnissen*

Für die Darstellung dieses Phänomens erscheinen Längsprofile der Ionenverhältnisse besonders geeignet, da sie einen Vergleich zwischen bestimmten Ionen und damit auch zwischen bestimmten Typen von Stoffquellen ermöglichen. Es wurde zum einen das Verhältnis der Konzentrationen von SO_4^{2-} zu Ca^{2+} berechnet, um zwei geogene Quellengebiete zu vergleichen. Zum anderen wurde das Verhältnis der Konzentrationen von SO_4^{2-} zu PO_4^{3-} berechnet, um den Einfluss von geogenen und anthropogenen Stoffquellen gegenüberzustellen.

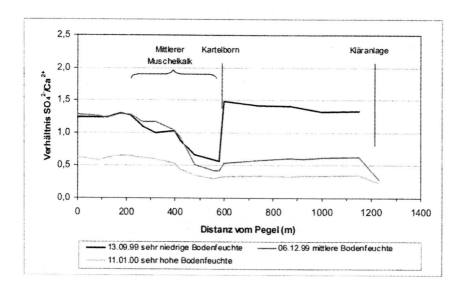

Abbildung 4.
Ionenverhältnis SO_4^{2-} zu Ca^{2+} im Längsprofil unter verschiedenen Bodenfeuchtebedingungen. Zur Berechnung wurden die Konzentrationen gelösten Sulfats und Calciums (in mg/l) herangezogen

Am Verhältnis von SO_4^{2-} zu Ca^{2+} (Abbildung 4) wurde der Übergang von den Gesteinen des Oberen Muschelkalks zum Mittleren Muschelkalk bei etwa 570 m gut sichtbar. Unter verschiedenen Feuchtebedingungen war immer ein Anstieg des Verhältnisses zwischen 570 und 210 m zu erkennen, der auf die Drainagen und diffusen Zuflüsse aus dem Mittleren Muschelkalk zurückgeführt werden konnte. Im Bereich des Oberen Muschelkalkes ergab sich ein differenziertes Bild. Bei sehr niedriger Bodenfeuchte im Hochsommer und Herbst war der Oberlauf des Kartelbornsbaches ausgetrocknet. Dann wurde der Bachverlauf zwischen 1230 und 590 m vom Kläranlagen-Abwasser dominiert, das eine höhere SO_4^{2-}-Konzentration aufwies als die Quellen des Oberen Muschelkalkes. Da auf dieser Fließstrecke außerdem nur wenig Grundwasser in den Bach gelangte, änderte sich das Verhältnis nicht zugunsten der Ca^{2+}-Ionen. Erst durch das kalkreiche Wasser des Kartelborns wird das Verhältnis zum Ca^{2+} hin verschoben.

Bodenfeuchte und Wasserqualität

Der Anstieg des Verhältnisses im Bereich des Mittleren Muschelkalkes ist unter verschiedenen Bodenfeuchtebedingungen unterschiedlich stark ausgeprägt. Bei niedriger Bodenfeuchte schütten die Quellen des Mittleren Muschelkalkes SO_4^{2-}-reiches Wasser, bei hoher Bodenfeuchte SO_4^{2-}-ärmeres Wasser. Eine mögliche Erklärung dieses Phänomens bietet die Vermischung verschiedener Bodenwasserkomponenten. Bei hoher Bodenfeuchte setzt sich das Drainagewasser zu einem großen Anteil aus Oberbodenwasser zusammen, das mit den Niederschlägen der vergangenen Tage infiltrierte und nur geringe Verweilzeiten im Boden aufwies.

Sulfatgehalte und Bodenfeuchte

Zur Betrachtung des Verhältnisses von einem geogenen zu einem anthropogenen Ionen wurden die Konzentrationen von SO_4^{2-} und PO_4^{3-} herangezogen.

Phosphat als
Indikator für
anthropogene
Beeinflussung

Zwischen 1200 m und 610 m dominierte PO_4^{3-} (Abbildung 5), da bei den geringen Abflüssen im Bach die hohen PO_4^{3-}-Konzentrationen der Kläranlage den Wasserchemismus stark beeinflussten. Daher war das Verhältnis von SO_4^{2-} zu PO_4^{3-} klein. Die relative Konstanz des Verhältnisses und der absoluten PO_4^{3-}-Konzentrationen in diesem Bachabschnitt lässt die Annahme zu, dass Phosphat-Abbauprozesse vernachlässigt werden können.

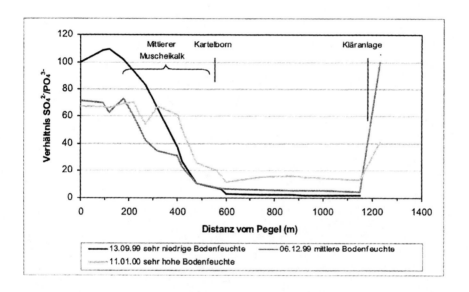

Abbildung 5.
Ionenverhältnis SO_4^{2-} und PO_4^{3-} im Längsprofil unter verschiedenen Bodenfeuchtebedingungen. Zur Berechnung wurden die Konzentrationen gelösten Sulfats und Ortho-Phosphats (in mg/l) herangezogen

Die Zuflüsse aus dem Kartelborn verdünnten die PO_4^{3-}-Konzentration zusätzlich, bevor durch die sulfathaltigen Zuflüsse des Mittleren Muschelkalkes das Verhältnis zu Gunsten der SO_4^{2-}-Ionen umschlug. Dabei fiel auf, dass bei hoher Bodenfeuchte der Anstieg viel früher einsetzte, nämlich bereits bei 580 m, dafür aber bei 320 m nahezu abgeschlossen war. Bei niedriger Bodenfeuchte dagegen setzte sich der Anstieg bis zu 160 m vor den Pegel fort. Das kann wie folgt interpretiert werden: Die Grundwässer im oberen Teil des Bereiches des Mittleren Muschelkalkes wiesen bei Trockenheit im Spätsommer geringere Abflüsse auf. Daher stieg das SO_4^{2-}/PO_4^{3-}-Verhältnis bei niedriger Bodenfeuchte anfangs weniger stark an. Bachabwärts gelangten Zuflüsse in den Bach, die sich aus Grundwasser des Mittleren Muschelkalkes und Bodenwasser der holozänen Sedimentauflage zusammensetzen. Bei niedriger Bodenfeuchte überwog die Grundwasserkomponente, so dass selbst bei geringen Abflüssen die Quellen sehr hohe Sulfat-Konzentrationen aufwiesen. Diesen Umstand verdeutlicht die starke Dominanz des SO_4^{2-} bei niedriger Bodenfeuchte. Da nach der 14tägigen Trockenperiode die Grund- und Bodenwasserquellen nur einen sehr geringen Abfluss aufwiesen, war erwartet worden, dass das PO_4^{3-} im gesamten Längs-profil dominant ist, da die Nährstoffkonzentrationen im Kläranlagenabwasser besonders hoch lagen. Dennoch überwog SO_4^{2-} das Verhältnis, da die Stoffkonzentrationen in den Quellen des Mittleren Muschelkalkes ebenfalls sehr groß waren und somit hohe SO_4^{2-}-Frachten schütteten. Für den Stofftransport bei Niedrigwasser besitzt damit die Stoffkonzentration einer Quelle größere Bedeutung als deren Abfluss.

Sulfat/Phophat-Verhältnis in Abhängigkeit von der Bodenfeuchte

Schlussfolgerungen

Die Längsprofile verdeutlichen, dass für den Trockenwetterabfluss im Kartelbornsbach zwei Arten von Stoffquellen bedeutsam waren: anthropogene und geogene Quellen.

*Verhältnis
geogener und
anthropogener
Quellen*

Der mittlere Bachlauf wurde vor allem im Sommer vom Abwasser der Kläranlage geprägt, das den Bach mit Nährstoffen belastete. Erst an der Schichtgrenze zwischen den Gesteinen des Oberen und Mittlerem Muschelkalk brachte eine Grundwasserdrainage ausreichenden Abfluss, um die Nährstoffkonzentrationen im Bach signifikant zu verdünnen. Im Bereich des Mittleren Muschelkalks dominierten geogene Quellen, die vor allem Sulfatwässer in den Bach eintrugen und somit zu einer drastischen Veränderung des Wasserchemismus führten.

Das Umschlagen der Gewässerchemie von einem anthropogen belasteten zu einem überwiegend geogen geprägten Gewässer geht am Kartelbornsbach relativ abrupt vonstatten, da eine geogene Quelle einen permanent hohen Abfluss aufweist. Andererseits wird ebenso deutlich, dass die Stoffkonzentrationen im Längsprofil auch moderat ansteigen können, wenn diffuse Quellen vorhanden sind, die aber nur geringe Abflüsse aufweisen. Diese verschiedenen Einflüsse, die Quellen auf den Stofftransport in Fließgewässern ausüben können, müssen in Stofftransportmodellen Berücksichtigung finden.

*Bodenfeuchte
und Stoff-
transport*

Zusätzlich stellte sich der Parameter Bodenfeuchte als wichtiger Einflussfaktor auf die quellenspezifischen Variabilität des Stofftransportes und – daraus resultierend – auf die Gewässerchemie heraus. Daher sollte zukünftig eine Messung oder Modellierung der Bodenfeuchte angestrebt werden, um die Variabilität des Stofftransportes im Einzugsgebiet angemessen quantifizieren zu können.

Die räumliche und zeitliche Analyse der Quellen leistet daher einen wichtigen Beitrag zum Verständnis des Stofftransportes im Rahmen einer Modellierung.

Literatur

Grzanna M (1989) Die Geologie im südlichen Kylltal als Grundlage einer hydrogeologischen Analyse – Lithostratigraphie, Tektonik, Geomorphologie. Diplomarbeit an der Universität Trier

Möller S (2002) Räumliche und zeitliche Analyse von Stoffquellen und Abflussprozessen im Einzugsgebiet des Kartelbornsbaches. Dissertation. Universität Trier

Möller S, Symader W (2001) Spatial distribution and temporal behaviour of dry weather flow components in a small drainage basin. In: Runoff generation and implications for river basin modelling. Proceedings of the IAHS Workshop 9-12 October 2000 (C. Leibundgut, S. Uhlenbrook, J. McDonnell, Hrsg.). Freiburger Schriften zur Hydrologie, Band 13. Freiburg, 54-59

Negendank J (1983) Trier und Umgebung. (Sammlung geologischer Führer 60) 2. überarb. Aufl., Berlin

Rheinisches Landesmuseum (2001) Fundbericht Siedlungsfunde, Bodenprofile am Kartelbornsbach. EV. Nr.: 2001, 89

Abflussdynamik und Stofftransport

Methodische Aspekte der Datenerhebung zur Stofffrachtberechnung in Gewässereinzugsgebieten am Beispiel der Weida, Sachsen-Anhalt

Gerd Schmidt

Die Fließgewässer des östlichen Harzvorlandes weisen eine hohe zeitliche Dynamik von Abflussgeschehen und Stofftransport auf. Im Gewässersystem Querne-Weida wurden regelmäßige Probenahmen zur Untersuchung des Stoffhaushaltes durchgeführt. Nach eingehender Analyse der Daten aus zwei Messprogrammen zeigt sich, dass diese regelmäßigen Stichproben nicht geeignet sind, um den Nährstofftransport mit hinreichender Genauigkeit zu beschreiben. Dies ist vor allem darauf zurückzuführen, dass die regelmäßigen Stichprobenahmen im wesentlichen nur mittlere Durchflusszustände der Gewässer repräsentieren. Niederschlagsbedingte Durchflusswellen mit hohen erosionsbedingten Stofffrachten bleiben dabei unberücksichtigt. Deshalb sind Messprogramme nötig, die alle Abflusszustände berücksichtigen. Eine Kombination aus gezielten Stichprobenahmen und durchflussorientierten automatischen Probenahmen eignet sich sehr gut für die Erfassung und Beschreibung des ereignisbezogenen Stofftransportes. Auf der Basis dieser speziellen Untersuchungen ist es möglich, realistische Frachtaussagen zu treffen. Damit ist außerdem eine wesentliche Präzisierung der Stoffbilanzen für die betreffenden Fließgewässer möglich. Diese Vorgehensweise stellt jedoch sehr hohe personelle und materielle Anforderungen, so dass sie nur für die operative Überwachung und die Überwachung zu Ermittlungszwecken nach EU-WRRL eingesetzt werden kann.

Einführung

Der Salzige See wird wiederentstehen. Er gehörte zu ehemals drei im Mansfelder Land existierenden Seen. Seine Trockenlegung erfolgte nach Wassereinbrüchen in das Grubengebäude des Mansfelder Kupferschieferbergbaus in den 90er Jahren des 19. Jahrhunderts (Ule 1894). Die Wiederentstehung des Salzigen Sees soll einen Beitrag zur Strukturbelebung der Region Mansfeld leisten. Das Mansfelder Land ist durch die Stillegung des Kupferschieferbergbaus und die tiefgreifenden Veränderungen in der Landwirtschaft besonders von starken wirtschaftlichen und sozialen Umwälzungen betroffen.

An den zukünftigen Salzigen See werden hohe Anforderungen hinsichtlich der zu erreichenden Wasserqualität gestellt. Diese resultieren aus den in der „Verordnung über die Regelung des Gemeingebrauchs an den Mansfelder Seen im Landkreis Mansfelder Land" vom 11. Mai 1995 festgelegten Nutzungszielen:

- Der See soll ein im ökologischen Gleichgewicht befindliches Gewässer sein, dass sich durch Artenreichtum der Flora und Fauna auszeichnet.
- Er soll Badegewässer sein.
- Er soll verträglich praktizierten Wassersport ermöglichen und Ansprüche der Naherholung erfüllen.
- Er soll Fischgewässer sein, das dem Angelsport zur Verfügung steht.

Seit der Trockenlegung des Salzigen Sees wurde der ehemalige Seeboden überwiegend landwirtschaftlich genutzt. In seinem Einzugsgebiet vollzogen sich in den vergangenen rund 100 Jahren vielfältige Landnutzungsveränderungen. Die veränderten Landnutzungsverhältnisse wirken sich auch auf den chemischen und biologischen Zustand der Zuflüsse zum Becken des zukünftigen Salzigen Sees aus. Heute reicht die Wasserqualität dieser Fließgewässer nicht aus, um die geplanten Nutzungen des Sees zu ermöglichen (StAU 2001).

Der im Juli 2001 aufgestellte „Bewirtschaftungsplan Salza für das Einzugsgebiet der Mansfelder Seen" verweist darauf, dass „trotz umfangreicher Bewirtschaftungsmaßnahmen der für deren (Mansfelder Seen, Anm. d. A.) langfristige Stabilisierung notwendige mesotrophe Zustand mittelfristig noch nicht erreicht werden kann" (StAU 2001: 101). Das Erreichen der in der EU-Wasserrahmenrichtlinie (EU-WRRL) geforderten, guten Gewässerqualität ist somit innerhalb der Geltungsdauer des Bewirtschaftungsplanes nicht möglich. Damit wird eine „operative Überwachung" im Sinne der EU-WRRL notwendig (Das Europäische Parlament und der Rat der Europäischen Union 2000). Außerdem sollen zur Identifikation von Quellen der Überschreitung von Umweltqualitätsnormen Überwachungen zu Ermittlungszwecken vorgenommen werden (Das Europäische Parlament und der Rat der Europäischen Union 2000, LAWA 2001). Beide Verfahren erfordern eine problembezogene Festlegung des Messstellennetzes und der Überwachungsfrequenz.

Gewährleistung der Wasserqualität

Die hier vorgestellten methodischen Ansätze und Untersuchungsergebnisse wurden im Rahmen der Vorhaben Wiederentstehung Salziger See (Landesamt für Umweltschutz Sachsen-Anhalt – [LAU-LSA]) und Bewirtschaftungsplan Salza (Staatliches Amt für Umweltschutz Halle/S. – [StAU]) erarbeitet. Sie dienen vor allem als Grundlage der Planung von Maßnahmen zur Reduzierung von Stoffeinträgen in das Fließgewässersystem Querne-Weida – dem

Vorhaben Salziger See

Untersuchungs-
ziele

Hauptzufluss zum zukünftigen Salzigen See. Einen Schwerpunkt der Untersuchungen bildete die Ermittlung der Stofffrachten (Sedimente, P, N), die über das Querne-Weida-System in das Becken des zukünftigen Salzigen Sees und von dort aus über die Salza zur Saale gelangen. Die realistische Erfassung von Stofffrachten der Fließgewässer ist besonders hinsichtlich des in der EU-WRRL gestellten Ziels der Vermeidung der Verschmutzung der Meeresumwelt von Bedeutung.

Abfluss-
Konzentrations-
Beziehung

Aus Sicht des Autors sind vor allem die hier vorgestellten methodischen Aspekte von großer Bedeutung für Grundlagenerarbeitungen zum Flussgebietsmanagement im Allgemeinen. Die Erfassung der Stoffkonzentrationen in den Gewässern orientierte sich eng am spezifischen Abflussgeschehen im Einzugsgebiet. Dadurch konnte das Stofftransportgeschehen unterschiedlicher Durchflusszustände bei der Berechnung von Stofffrachten berücksichtigt werden.

Hydrologische Verhältnisse im Untersuchungsgebiet

Niederschlags-
verhältnisse

Das Einzugsgebiet der Mansfelder Seen befindet sich, mit einer Fläche von 411 km², im östlichen und südöstlichen Harzvorland. Aufgrund seiner Lage im Regenschatten des Harzes weist das Einzugsgebiet einige klimatische und hydrologische Besonderheiten auf, die das Stoffeintrags- und Stofftransportgeschehen der Fließgewässer prägen. Die Einzugsgebiete des Süßen Sees und des zukünftigen Salzigen Sees befinden sich in der Kernzone des mitteldeutschen Trockengebietes und zeichnen sich durch eine im langjährigen Mittel negative klimatische Wasserbilanz (Tabelle 1) sowie eine stark lagebedingte

Differenzierung des Niederschlags aus. Im Osten des Einzugsgebietes erreichen die mittleren Niederschläge eine Höhe rund 450 mm/a. Zur westlichen und südwestlichen Einzugsgebietsgrenze hin steigen diese dann auf rund 600 mm/a an.

Tabelle 1.

Charakteristische klimatische und hydrologische Daten für das Einzugsgebiet des wiederentstehenden Salzigen Sees, Reihe 1960-1993 (Meteorologischer Dienst der DDR 1961, Thomas 1980)

Parameter	
Fläche km²	242
mittlerer Niederschlag* mm/a	544
mittlere Verdunstung* mm/a	553
mittlere Jahrestemperatur* °C	8,8
mittlere Abflusspende* l/s/km²	1,71

* = Gebietsmittel

Tabelle 2.

Gewässerkundliche Hauptzahlen der Weida (Reihe 1966-1996) am Pegel Stedten und spezifischer Gebietsabfluss (StAU 1998)

	Weida - Pegel Stedten
A_{EO} in km²	173
NQ in m³/s	0,053
MNQ in m³/s	0,148
MQ in m³/s	0,296
MHQ in m³/s	4,46
HQ in m³/s	21,2
MNq l/(s*km²)	0,854
Mq l/(s*km²)	1,71
MHq l/(s*km²)	25,7

*Hydrographi-
sche Situation*

Die Fließgewässer im Untersuchungsgebiet zeichnen sich des weiteren durch eine sehr hohe Abflussamplitude aus. Die in Tabelle 2 dargestellten Gewässerkundlichen Hauptzahlen der Weida am Pegel Stedten verdeutlichen dies. Außerdem ist für einige Zuflüsse zur Weida ein spätsommerliches Trockenfallen charakteristisch, was die Aussagen zur angespannten klimatischen Wasserbilanz untermauert.

Hochwässer

Die extreme Dynamik im Abflussverhalten der Weida wird besonders durch das Verhältnis von MQ zu HQ von 1 : 72 deutlich. Eine Betrachtung der zehn größten Durchflussscheitelwerte (Tabelle 3) untermauert die Bedeutung der niederschlagsbedingten sommerlichen Hochwässer für das Abflussgeschehen im Untersuchungsgebiet, wenn auch die Maximalwerte im Zusammenhang mit Schneeschmelzereignissen entstanden sind. Am Pegel Stedten wurden fünf der stärksten Hochwässer im Sommerhalbjahr registriert.

Tabelle 3.
Rangliste der 10 höchsten Durchflussscheitelwerte der Weida am Pegel Stedten, Reihe 1966-1996 (StAU 1996)

	Datum	Scheitel in m³/s
1	20.03.1987	21,2
2	05.06.1995	14,4
3	17.07.1965	10,5
4	05.1969	9,6
5	03.1986	9,0
6	02.1987	8,9
7	13.04.1994	8,6
8	18.02.1996	6,6
9	05.1983	5,6
10	11.06.1993	5,2

Die bisherigen Ausführungen verdeutlichen die hohe Prozessdynamik im hydrologischen Geschehen des Untersuchungsraumes. Daraus ergeben sich besondere Anforderungen an das methodische Herangehen zur Ermittlung realistischer Stofffrachten für die Weida.

Problemstellung

Der Stofftransport eines Fließgewässers wird im wesentlichen durch die Niederschlags/Abfluss-Verhältnisse, das geologische und pedologisches Inventar sowie die Landnutzungsverhältnisse seines Einzugsgebietes bestimmt (Bacchini und Bader 1996, Dyck und Peschke 1995, Wohlrab et al. 1995). Aufgrund gebietsspezifischer Ausprägungen des Wirkungsgefüges von Niederschlag, Abfluss, Landnutzung und Stoffeintrag unterliegen die Stofftransportprozesse der Fließgewässer auch einer raumspezifischen Dynamik (Barsch et al. 1994).

Stofftransport

Zur Erfassung der Stofffrachten, die ein Fließgewässer aus einem Einzugsgebiet abtransportiert, sind Messprogramme erforderlich, die die gebietsspezifische Abflussdynamik berücksichtigen (Symader et al. 1999). Für die Erarbeitung einer Nährstoffbilanz lagen für das Gebiet Daten aus Routine- und Sondermessprogrammen der Wasserbehörden vor. Diese Messprogramme beinhalteten Durchflussmessungen und Probenahmen mit unterschiedlichen zeitlichen Intervallen (14-tägig, zweimonatlich usw.). Die Messzeitpunkte orientierten sich nicht oder nur marginal an den unterschiedlichen Durchflüssen der Gewässer.

Messung der Stofffrachten

Design der Messprogramme

Im Rahmen der Gewässergüteüberwachung des Bundes und der Länder werden hierfür Empfehlungen zur Durchführung von Probenahmen im 14tägigen Intervall gegeben, jedoch mit dem Hinweis, saisonale Schwankungen zu erfassen (LAWA 1997).

Diese Ausgangssituation bei der Datenerfassung führt zu der Frage nach der Eignung eines statisch (i. S. von definierten zeitlichen Intervallen) durchgeführten Messprogramms zur Beschreibung dynamisch verlaufender Systemprozesse, wie sie in Gewässereinzugsgebieten ablaufen. Welche Bedeutung kommt der zeitlichen Auflösung von Probenahme- und Messintervallen hinsichtlich einer realistischen Wiedergabe des Stoffeintrags- und Transportgeschehens zu? Aber auch die Wahl des Berechnungsansatzes kann das Ergebnis der Frachtermittlungen wesentlich beeinflussen (Bacchini und Bader 1996). Somit waren in Abhängigkeit von der zeitlichen Dichte der Messungen und der Wahl des Berechnungsansatzes für die Stofffrachten stark voneinander differierende Größen für ein und denselben Stoff an ein und demselben Gewässerabschnitt zu erwarten.

Zur Frage der Messintervalle

Berechnung der Stofffrachten

Dies soll anhand von Frachtberechnungen auf der Basis der im Jahr 1997 von Wasserbehörden erhobenen (Regionalmessnetz StAU; Sondermessnetz LAU-LSA) hydrologischen und gewässerchemischen Daten demonstriert werden. Im folgenden Beitrag werden die aus den staatlichen Messnetzen erhobenen Daten hinsichtlich ihrer Eignung für Stofffrachtberechnungen untersucht und diskutiert. Aus den daraus gewonnenen Erkenntnissen waren verbesserte methodische Ansätze zur Datenerhebung als Grundlage der Ermittlung von realistischen Stofffrachten zu entwickeln.

Ausgangsdatenbasis

Für die vorzunehmende Prüfung der existierenden Datenbasis wurden Datensätze von sieben Messstellen (Abbildung 1) im Gewässersystem Querne-Weida herangezogen. Deren Erhebung in zwei Messprogrammen erfolgte:

1. Querne – oberhalb Lodersleben
2. Querne – unterhalb Kläranlage Querfurt
3. Weidenbach – Mündung in Querne
4. Weida – unterhalb Obhausen
5. Weida – Esperstedt
6. Weida – Schraplau
7. Weida – Einlauf Ottilie

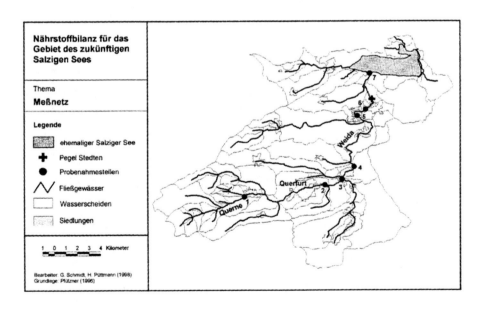

Abbildung 1.

Lage der Messstellen im Gewässersystem Querne-Weida

Regional-
messnetz

Sondermessnetz

Untersuchte
Stoffe

Berechnungs-
ansätze

Die o.g. Messnetze differieren in der Wahl des Beprobungsintervalls sehr stark voneinander. Im Rahmen des Regionalmessnetzes (StAU) wurden im Gewässersystem Querne-Weida sechs Beprobungen durchgeführt. Diese sind gleichmäßig über das Jahr verteilt. Das Sondermessnetz (LAU-LSA) umfasste im selben Zeitraum 23 Messfahrten. Beide Messnetze beinhalteten Probenahmen an den o.g. Messstellen. Bei der Betrachtung dieser zeitlich unterschiedlich aufgelösten Messprogramme interessierte vor allem, ob die größere Messdichte zu plausibleren Ergebnissen führt und ob sich tendenziell höhere oder geringere Frachten aus dem einen oder anderen Stichprobenumfang ergeben.

Die untersuchten Stoffspektren beider Messprogramme waren identisch. Die Analytik erfolgte mit denselben standardisierten Verfahren, so dass eine gute Vergleichbarkeit der Stoffdaten gegeben ist. Bei den hier angestellten Betrachtungen bezieht sich die Untersuchung auf die Parameter Feststoffkonzentration, Gehalt der Proben an Nitrat, Nitrit, Ammonium, TIN (*total inorganic nitrogen*), Phosphor$_{ges}$ und Orthophospat.

Auf der im Rahmen beider Messnetze gewonnenen Datenbasis kann außerdem mit Hilfe unterschiedlicher rechnerischer Ansätze eine Frachtermittlung vorgenommen werden. Im vorliegenden Text werden die Ergebnisse von zwei Berechnungsmethoden diskutiert. Ein Ansatz beruht dabei auf der Verwendung arithmetischer Mittel der Abfluss- und Stoffkonzentration für die Proben jedes Messnetzes. Die Jahresfrachten werden dementsprechend wie folgt ermittelt:

$$m_S \text{ (kg/a)} = \varnothing C_S \text{ (mg/l)} * Q_a \text{ (m}^3)$$

wobei Q_a (m^3) = $\varnothing Q$ (l/s) * t (31.536.000 sek.)

$\varnothing C_S$	=	arithmetisches Mittel der Stoffkonzentration in mg/l
m_S	=	Gesamtjahresfracht eines Stoffes in kg/a
Q_a	=	Jahresabflussmenge in m^3
$\varnothing Q$	=	arithmetisches Mittel der Abflusskonzentration in l/s

Die Berechnung nach einem zweiten Ansatz erfolgt basierend auf der Annahme, dass die zum Zeitpunkt der Messung ermittelten diskreten Werte repräsentativ für den Zeitraum zwischen zwei Messfahrten sind und damit den jahreszeitentypischen Gewässerzustand abbilden. Mit Hilfe dieses Ansatzes kann eine zeitlich gewichtete Größe für die Stofffrachten ermittelt werden. Auf Basis dieser beiden Berechnungsansätze erfolgte die Ermittlung der mit dem Fließgewässersystem Querne-Weida transportierten Jahresstofffrachten für 1997. Damit liegen für die transportierten Stofffrachten der Fließgewässer im Untersuchungsgebiet je Gewässerabschnitt vier Werte für die stoffspezifische Jahresfracht zur Diskussion vor:

Zeitliche Wichtung der Stofffracht

6PN-AM:	6 Probenahmen, arithmetisches Mittel
6PN-ZW:	6 Probenahmen, zeitgewichtetes Mittel
23PN-AM:	23 Probenahmen, arithmetisches Mittel
23PN-ZW:	23 Probenahmen, zeitgewichtetes Mittel

Ergebnisse

Zunächst ist eine Gegenüberstellung der während der Probenahme erfassten Durchflussmengen mit den gewässerkundlichen Hauptzahlen am Pegel Stedten notwendig (Tabelle 4). Der Pegel Stedten ist ein kontinuierlich registrierender Pegel am Unterlauf

Gewässerkundliche Hauptzahlen

Vergleichbarkeit
der Messstellen

der Weida und gehört zum gewässerkundlichen Landesdienst des Landes Sachsen-Anhalt. Leider wurden hier von den Wasserbehörden keine Probenahmen durchgeführt. Somit mussten die Daten der nächstgelegenen Gewässergütemessstelle herangezogen werden. Die Probenahmestelle 6 (Schraplau) befindet sich in geringer Entfernung oberhalb des Pegels Stedten (Abbildung 1). Einleitungen und Entnahmen von Wasser finden zwischen beiden Messstellen nur unwesentlich statt. Ebenso existiert auf dieser Fließstrecke kein Zufluss zur Weida. Somit ist eine gute Vergleichbarkeit im Abflussgeschehen beider Messstellen gegeben. Es zeigt sich, dass die Stichprobenahmen im Wesentlichen die Zustände des Mittelwasserdurchflusses repräsentieren (Tabelle 4). Die häufig und kurzzeitig auftretenden Spitzenabflüsse in Folge von Starkregenereignissen aber auch die Niedrigwasserabflüsse blieben während des gesamten Messzeitraumes unberücksichtigt.

Tabelle 4.

Gewässerkundliche Hauptzahlen am Pegel Stedten und Durchflusscharakteristik während der Probenahmen an der Messstelle Weida/Ottilie (7) im Jahr 1997 (StAU 1996)

	Weida Pegel Stedten		Weida - Schraplau	
			StAU 1997	LAU-LSA 1997
NQ in m^3/s	0,053	Q_{min} in m^3/s	0,152	0,143
MNQ in m^3/s	0,148			
MQ in m^3/s	0,296	Q_{mit} in m^3/s	0,236	0,290
MHQ in m^3/s	4,46			
HQ in m^3/s	21,2	Q_{max} in m^3/s	0,337	0,530

Diese Gegenüberstellung verdeutlicht noch einmal die Problematik der Repräsentanz der vorliegenden Daten für die abzuleitenden Frachtaussagen. Die Phasen, während der große Wassermengen und da-

mit verbunden auch große Stoffmengen im Gewässer transportiert werden, gehen in die Ermittlung von
Jahresfrachten nicht ein. Hierin ist bereits ein we-
sentlicher Fakt zu sehen, der die Aussagefähigkeit
der berechneten Durchflussmengen und Stofffrachten in Frage stellt.

Der Vergleich der auf den unterschiedlichen Ansätzen basierenden Durchflussmengen zeigt für alle
Messstellen zum Teil erhebliche Differenzen. Die in
der Abbildungen 2 dargestellten Jahresdurchflussmengen der Querne verdeutlichen dies beispielhaft.

Berechnung der
Durchfluss-
mengen mit
verschiedenen
Ansätzen

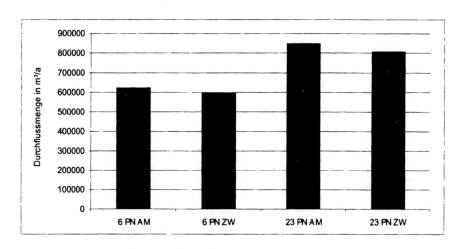

Abbildung 2.
Jahresdurchflussmengen der Querne, oberhalb Lodersleben

Für die Gewässerabschnitte am Oberlauf des Gewäs-
sersystems sind die Unterschiede mit rund 30 % am
größten. Zum Unterlauf hin nehmen diese in der
Regel ab. Insgesamt differieren die errechneten Jahresdurchflussmengen um 5 % - 30 %. Die Betrachtung der so ermittelten Jahresstofffrachten des Ge-
wässersystems Querne-Weida zeigt ebenfalls für
jeden Gewässerabschnitt Differenzen an. Diese sind

größtenteils noch erheblicher als bei den Durchflussmengen, was Abbildung 3 für die Sedimentfrachten exemplarisch veranschaulicht.

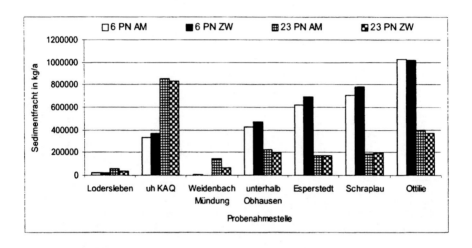

Abbildung 3.
Errechnete Jahressedimentfrachten für die untersuchten Gewässerabschnitte

Unterschiede in den Sediment- frachten

Insgesamt ergeben die auf unterschiedlicher Basis errechneten Sedimentfrachten für dieselben Gewäs-serabschnitte ein sehr heterogenes Bild (Tabelle 5). Dabei zeigt sich, dass die Differenzen bei den Sedi-mentfrachten und den Frachten der Phosphorkom-ponenten wesentlich größer sind als bei denen der Stickstoffkomponenten. Dies ist darauf zurückzufüh-ren, dass der Eintrag von Feststoffen und Phosphor in landwirtschaftlich genutzten Gebieten stark an Oberflächenabfluss und Bodenerosion gekoppelt ist. Stickstoff wird in solchen Einzugsgebieten zum überwiegenden Anteil über das Grundwasser einge-tragen und ist damit nicht so sehr durchflussabhän-gig wie die erstgenannten Stoffe (Behrendt 1994, Frede und Dabbert 1998, Mansfeld et al. 1998, Pra-suhn und Braun 1995, Schmidt und Frühauf 2000).

Tabelle 5.

Differenzen der auf unterschiedlichen Messreihen und Berechnungsansätzen basierenden Jahresstofffrachten im Gewässersystem Querne-Weida in Prozent

	Q	Sediment	Nitrit	Nitrat	Ammonium	TIN	o-Phosphat	Phosphor
oh Lodersleben	30	61	69	25	49	25	54	50
uh KA Querfurt	9	61	53	20	51	25	39	40
Weidenbach	5	96	57	3	19	12	18	42
uh Obhausen	5	59	31	12	35	8	26	31
Esperstedt	9	75	57	26	28	14	24	21
Schraplau	19	76	9	13	18	8	29	18
Ottilie	11	64	4	8	16	1	8	41

Die zum Teil großen Differenzen in den für die einzelnen Gewässerabschnitte errechneten Stofffrachten stellen die Aussagefähigkeit einer auf Stichprobenahmen beruhenden Frachtermittlung für Fließgewässer in Frage. Neben diesen Differenzen innerhalb der errechneten Stofffrachten wurde der Frage nachgegangen, ob eine erhöhte Stichprobenzahl realistischere Ergebnisse ermöglicht. Hierzu diente je eine stoffspezifische Frachtmatrix (Tabelle 6 und Tabelle 7), basierend auf einem Ranking der errechneten Frachten von eins (höchster Wert) bis vier (niedrigster Wert). Die Erwartungen des Autors richteten sich dahin, dass bei Belegung des gleichen Ranges mit Frachtwerten basierend auf ein und demselben Verfahren im gesamten Flusslängsprofil ein Indikator für die Belastbarkeit eines Ansatzes gegeben wäre.

Verdichtung der Probenahmezeitpunkte

Die Tabellen 3 und 4 verdeutlichen an den Parametern TIN und Orthophosphat, dass Trends hinsichtlich einer erhöhten Aussagefähigkeit der Frachtwerte basierend auf einem bestimmten Verfahren nicht gegeben sind. Der leichte Trend für Orthophosphat ist singulär und kann bei keinem der anderen unter-

suchten Stoffe gefunden werden. Die abgebildeten
diffusen Muster der Frachten treffen auf alle untersuchten Stoffe zu. Für den Autor war dies ein weiteres Indiz dafür, dass auf Stichproben basierende
Stofffrachtberechnungen die realen Verhältnisse im
Untersuchungsgebiet nicht hinreichend genau wiedergeben können.

Tabelle 6.

Frachtmatrix für TIN für die untersuchten Gewässerabschnitte

	6PN AM	6PN ZW	23PN AM	23PN ZW
Lodersleben	3	4	1	2
uh KAQ	3	4	2	1
Weidenbach Mündung	2	3	1	4
unterhalb Obhausen	1	2	3	4
Esperstedt	2	1	4	3
Schraplau	3	4	2	1
Ottilie	3	4	2	1

Tabelle 7.

Frachtmatrix für Orthophosphat für die untersuchten Gewässerabschnitte

	6PN AM	6PN6 ZW	23PN AM	23PN ZW
Lodersleben	3	4	1	2
uh KAQ	3	4	1	2
Weidenbach Mündung	2	1	3	4
unterhalb Obhausen	2	4	1	3
Esperstedt	2	3	1	4
Schraplau	3	4	1	2
Ottilie	2	3	1	4

Durchflussorientiertes Messprogramm und Resultate

Basierend auf den hier angestellten Vorbetrachtungen wurde für das Projekt ein Messprogramm konzipiert, dass dem hydrologischen Geschehen im Gewässersystem Querne-Weida stärker Rechnung trägt. In diesem Rahmen erfolgte eine Stichprobenahme im wöchentlichen Rhythmus als Basisprogramm. Den zweiten wesentlichen Bestandteil des Programms bildete eine durchflussabhängige, automatische Probenahme an drei Probenahmestellen im Gebiet. Bei Überschreiten eines Durchflusswertes von 1,5 MQ setzte die automatische Probenahme ein und bei Unterschreiten dieses Wertes endete sie. Mit dieser Vorgehensweise konnte die Erfassung des Stofftransportes während größerer Durchflusswellen realisiert werden (Abbildung 4).

Durchfluss-abhängige Beprobung

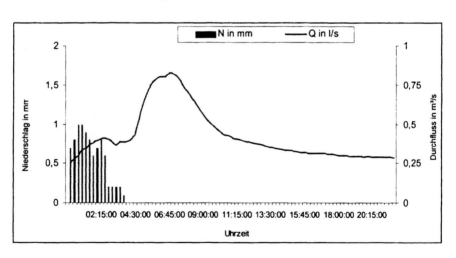

Abbildung 4.
Durchflusswelle der Weida vom 08. Oktober 1998 am Pegel Stedten

Dabei zeigte sich, dass einzelne Durchflusswellen größere Stoffmengen transportieren als die auf der Basis der wöchentlichen Stichprobe für die entsprechende Woche berechneten (Abbildung 5).

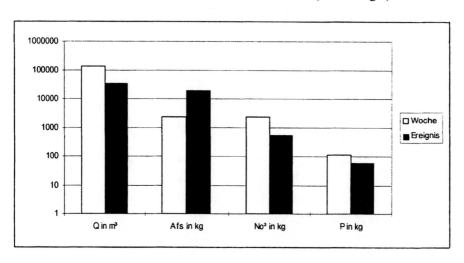

Abbildung 5.
Abflussmengen und Stofffrachten der Weida am Pegel Stedten für die 41. KW 1998 (Stichprobe – Basismessprogramm) und die Abflusswelle vom 08.10.98 (automatische Probenahme)

Automatische Erfassung von erhöhten Abflüssen

Im Rahmen des Messzeitraumes der hydrologischen Jahre 1997/98 und 1998/99 wurden mittels automatischer Probenahme insgesamt 37 Durchflusswellen erfasst (Abbildung 6).

In Abhängigkeit der Dauer und Durchflussmenge der jeweiligen Durchflusswellen unterlagen die ermittelten Stofffrachten erheblichen Schwankungen (Tabelle 8).

Tabelle 8.

Stofffrachten der aufgezeichneten Durchflusswellen am Pegel Stedten im Untersuchungs-zeitraum

Parameter	Einheit	Mittel	Min	Max
Durchfluss	m³/Ereignis	37.704	7.060	116.000
Feststofffracht	kg/Ereignis	14.789	1.091	46.596
Phosphorfracht	kg/Ereignis	33	10	88
o-PO$_4$-P (gelöst)	kg/Ereignis	16	3	47
PP (partikulär)	kg/Ereignis	18	3	62
NO$_3$	kg/Ereignis	827	11	2.752

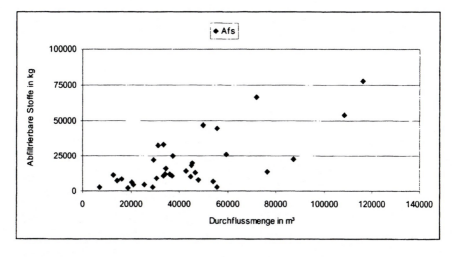

Abbildung 6.

Verhältnis von Durchflussmenge und Sedimentfracht in den registrierten Durchflusswellen (n=37)

In der Gesamtbilanz für den Untersuchungszeitraum von zwei Jahren zeigte sich, dass durch die Berücksichtigung des Stofftransportes während besonderer Niederschlag-Abfluss-Ereignisse die Gesamtstofffrachten wesentlich korrigiert werden konnten

Jahresfrachten

(Tabelle 6). Die Ermittlung der Jahresfrachten erfolgte zunächst auf der Basis der wöchentlichen Probenahme und Durchflussmessung. Dabei bildete die Annahme, dass die einmal je Woche gewonnenen Daten repräsentativ für diesen Zeitraum sind, eine Grundvoraussetzung. Die für die jeweilige Woche ermittelten Frachten wurden dann zur Gesamtjahresfracht bzw. zur Gesamtfracht für den Untersuchungszeitraum addiert. Diese Daten ergeben die dargestellten Basisfrachten:

$$\mathbf{m_{Sgt}m \ (mg/s)} = C_{Sg} \ (mg/l) * Q \ (l/s)$$
$$\mathbf{m_{Sgt}w \ (g/w)} \ = m_{Sgt}m \ (mg/s) * 604.800 \ s$$
$$\mathbf{m_{Sgt}a \ (kg/a)} \ = m_{Sgt}w_1 \ (g/w) + m_{Sgt}w_{2...52} \ (g/w)$$

$\mathbf{C_{Sg}}$ = Stoffkonzentration in mg/l zum jeweiligen Messzeitpunkt

$\mathbf{m_{Sgt}m}$ = momentane Fracht gelöster Stoffe in mg/s

$\mathbf{m_{Sgt}w}$ = wöchentliche Fracht gelöster Stoffe in g/w

$\mathbf{m_{Sgt}a}$ = Gesamtjahresfracht gelöster Stoffe in kg/a

$\mathbf{Q}$ = Durchfluss in l/s

Korrektur der berechneten Frachten

Die Korrektur der so durchgeführten Berechnungen wurde mit Hilfe der Frachten für die registrierten Durchflusswellen vorgenommen. Zuerst erfolgte die Ermittlung der Dauer der einzelnen Ereignisse. Danach wurden die auf Basis der Wochenwerte errechneten Frachten für die entsprechenden Zeiträume vom Gesamtergebnis subtrahiert und die so entstandenen Lücken mit den Werten für die Einzelereignisse aufgefüllt.

Hohe Bedeutung von Extremereignissen

Besonders hervorzuheben ist dabei, dass mit den wenigen Durchflussereignissen mehr als das doppelte der Sedimentfracht transportiert wird als mit Hilfe der wöchentlichen Stichprobenahme für den Untersuchungszeitraum insgesamt errechnet wurde (Tabelle 9).

Tabelle 9.

Absolute und relative Anteile der Routine- und Ereignisfrachten an der Gesamtfracht der untersuchten Stoffe (Weida, Bezugspegel Stedten)

	Basismessung	%	Ereignisse	%	Gesamtfracht
Durchfluss in m³	21.208.969	87	3.219.000	13	24.427.969
Abfiltrierbare Stoffe in kg	1529087	33	3145681	67	4674768
oPO_4-P in kg	5830	74	2009	26	7838
P_{ges} in kg	11208	76	3578	24	14786
PP in kg	5378	76	1659	24	7038
Nitrat in kg	422664	73	153930	27	576594

Damit war auch der Beweis erbracht, dass Frachtberechnungen auf Basis von Stichprobenahmen – selbst mit wöchentlichem Intervall – nicht geeignet sind um das Stofftransportverhalten im Untersuchungsgebiet hinreichend wiederzugeben.

Aus Sicht des Autors ist es – besonders unter Berücksichtigung der Anforderungen der EU-WRRL – notwendig neue Strategien und Konzepte zum Monitoring des physikalischen und chemischen Gewässerzustandes zu entwickeln. Diese müssen, um der Forderung nach einem "annehmbaren Grad der Zuverlässigkeit und Genauigkeit" gerecht zu werden (Abschnitt 1.3.4, Anhang V der EU-WRRL) stärker am Durchflussgeschehen orientiert werden. Eine rein jahreszeitliche Orientierung der Überwachung reicht zu Erfüllung o.g. Forderung nicht aus. Zur Realisierung eines solchen Messprogramms wäre die kontinuierliche Erfassung von chemischen und physikalischen Summenparametern (el. Leitfähigkeit, pH, Trübung) denkbar. Mit Hilfe von Stoffscreenings an

Notwendigkeit der stärkeren Berücksichtigung des Durchfluss

ausgewählten Proben könnten die stoffliche Zusammensetzung des Wassers und deren Variabilität ermittelt werden, was dann indirekt auch eine kontinuierliche Überwachung der chemischen und physikalischen Gewässerqualität ermöglicht.

Beispiel Trübungs- messung

Dies kann am Beispiel des Vergleichs von Trübungsmessungen mit dem Gehalt an abfiltrierbaren Stoffen im Gewässer veranschaulicht werden (Abbildung 7). Die Erfassung der hier dargestellten Daten erfolgte ebenfalls an der Weida im Zeitraum von 1997-1999.

Ähnliche Ableitungen wären für die Untersuchung von chemischen Gewässerparametern über Stoffverteilungsmuster o.ä. durchaus denkbar und im Sinne einer möglichst hohen Zuverlässigkeit der gewonnenen Informationen auch wünschenswert.

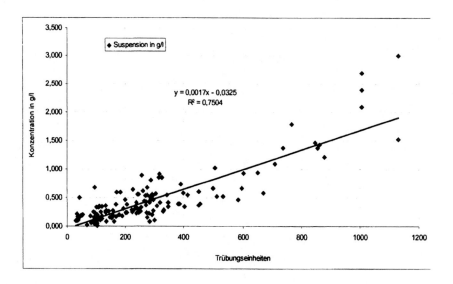

Abbildung 7.

Regressionsbeziehung zwischen Trübungsmesswerten und Suspensionskonzentrationen der Weida am Pegel Stedten (n=191)

Fazit

Die vorgestellten Untersuchungen haben gezeigt, dass stichprobenbasierte Stofffrachtberechnungen für Fließgewässer in Einzugsgebieten des mesoskaligen Bereichs die Realität nicht hinreichend genau wiedergeben. Hierzu bedarf es Mess- und Probenahmestrategien die eng an das hydrologische Geschehen im jeweiligen Gebiet angepasst sind. Die Berücksichtigung des durchflussspezifischen Stofftransportverhaltens trägt zur wesentlichen Verbesserung der Aussagefähigkeit gewonnener Frachtwerte bei.

Stärkere Berücksichtigung der hydrologischen Dynamik

Es muss dabei jedoch berücksichtigt werden, dass eine solche Vorgehensweise einer umfangreichen Vorbereitung bedarf und mit großen Bearbeitungsaufwand sowohl im Gelände als auch im Labor verbunden ist. Aus diesem Grund sind aus der Sicht des Autors solche Mess- und Untersuchungsstrategien nicht flächendeckend realisierbar. Ein Einsatz im Rahmen spezieller, sensibler Projekte sowie im Rahmen der Grundlagenforschung ist jedoch zwingend.

Erhöhter Aufwand

Aus der Sicht des Autors ist vor allem die Weiterführung von Untersuchungen zur Methodik der Gewässerüberwachung und deren Aussagefähigkeit, gerade im Kontext der Anforderungen der EU-Wasserrahmenrichtlinie unbedingt notwendig.

Literatur

Bacchini P, Bader H-P (1996) Regionaler Stoffhaushalt - Erfassung, Bewertung und Steuerung, Spektrum, Heidelberg/Berlin/Oxford, 420 S.

Barsch D, Mäusbacher R, Pörtge K-H, Schmidt K-H (1994) Messungen in fluvialen Systemen - Feld und Labormethoden zur Erfassung des Wasser und Stoffhaushaltes, Berlin, New York, 220 S.

Behrendt H (1994) Immissionsanalyse und Vergleich zwischen den Ergebnissen von Emissions- und Immissionsbetrachtung, In: WERNER, W. und WODSACK, H.-P. „Stickstoff- und Phosphoreintrag in Fließgewässer Deutschlands unter besonderer Berücksichtigung des Eintragsgeschehens im Lockergesteinsbereich der ehemaligen DDR, Agrarspektrum, Heft 22, S. 171 - 206

Das Europäische Parlament und der Rat der Europäischen Union (2000) Richtlinie 2000/60/EG Des Europäischen Parlaments und des Rates vom 23. Oktober 2000 zur Schaffung eines Ordnungsrahmens für Maßnahmen der Gemeinschaft im Bereich der Wasserpolitik, In: Amtsblatt der Europäischen Union, L 327, 72 S.

Dyck S, Peschke S (1995) Grundlagen der Hydrologie, Berlin, 535 S.

Frede G, Dabbert S [Hrsg.] (1998) Handbuch zum Gewässerschutz in der Landwirtschaft, Ecomed, Landsberg, 451 S.

LAWA - Länderarbeitsgemeinschaft Wasser (1997) Fließgewässer der Bundesrepublik Deutschland, 1. Empfehlungen für die Regelmäßige Untersuchung der Beschaffenheit der Fließgewässer in den Ländern der Bundesrepublik Deutschland, 2. LAWA - Untersuchungsprogramm in den Ländern der Bundesrepublik Deutschland, Berlin, 43 S.

LAWA - Länderarbeitsgemeinschaft Wasser (2001) Arbeitshilfe zur Umsetzung der EG - Wasserrahmenrichtlinie, Bearbeitungsstand 18. 11. 2001, Berlin, 75

Mansfeld K, Grunewald K, Gebel M (1998) Methoden zur Quantifizierung diffuser Nährstoffeinträge in Gewässer – Beispielbearbeitungen in den Flussgebieten Große Röder und Schwarzer Schöps, Materialien zur Wasserwirtschaft, Dresden, 39 S.

Meteorologischer und Hydrologischer Dienst der DDR (1961): Klimatologische Normalwerte für das Gebiet der DDR, Akademie Verlag, Berlin, 105

Prasuhn V, Braun M (1995) Phosphor- und Stickstoffeinträge in Fließgewässer des Kantons Bern, Mitteilungen der Deutschen Bodenkundlichen Gesellschaft, 76, S. 1361 – 1364

Pfützner B (1996) Hydrologische Grundlagenuntersuchungen im Einzugsgebiet der Salza, Berlin (unveröffentlicher Projektbericht im Auftrag des Staatlichen Amtes für Umweltschutz Halle/S.)

Schmidt G, Frühauf M (2000) Abflussdynamik und Stofftransport im Einzugsgebiet des wiederentstehenden Salzigen Sees, Geoöko, 21, H. 3-4, Bensheim, 229-252

StAU (1996): Hydrologischer Jahresbericht für den Regierungsbezirk Halle 1994/95

StAU (1998): Hydrologischer Jahresbericht für den Regierungsbezirk Halle 1996/97

StAU - Staatliches Amt für Umweltschutz Halle/S. (2001) Bewirtschaftungsplan Salza für das Einzugsgebiet der Mansfelder Seen, Hrsg. Regierungspräsidium Halle, 139

Symader W, Bierl R, Gasparini F (1999) Abflussereignisse, eine skalenunabhängige multiple Antwort von Einzugsgebieten auf Niederschläge, Acta hydrochim. Hydrobiol., 27, H. 2 Weinheim, 87-93

Ule W (1894) Die Mansfelder Seen und die Vorgänge an denselben im Jahre 1892, Reproduktion, Dingsda Verlag, Querfurt, 1994

Wohlrab B, Ernstberger H, Meuser A, Sokollek V (1992) Landschaftswasserhaushalt, Paul Parey, Hamburg, 352 S.

Hochwasserereignisse in unterschiedlichen Raumskalen

Eine Untersuchung des gelösten und partikulären Stofftransports in heterogenen Einzugsgebieten

Andreas Kurtenbach und Andreas Krein

Untersuchungen zum Abflussbildungsprozess und zur Herkunft einzelner Stoffströme finden aufgrund vielfältiger Einflussfaktoren häufig in kleinen, weitgehend homogenen Einzugsgebieten statt. Heterogene Ausprägungen geraten in den Hintergrund und der Transfer der Ergebnisse insbesondere auf größere, meist heterogene Einzugsgebiete wird erschwert. Aus diesem Grund wird in dieser Studie der gelöste und partikelgebundene Stofftransport in vier heterogenen, für die Region Trier typischen Einzugsgebieten mit Flächen von 3 km² bis 4.259 km² untersucht. Ziel ist es, übergeordnete Muster zu finden, um somit die Übertragung auf andere Einzugsgebiete und Regionen zu erleichtern. Alle untersuchten Räume zeigen neben einer individuellen einzugs-gebietsspezifischen Reaktion vergleichbare Reaktionsmuster im Verlauf natürlicher Hochwasserwellen. Insbesondere die Chemographen von Eisen und Mangan sind bei Hochwasserereignissen, die kurzen, intensiven Niederschlägen folgen, für die Identifikation verzögerter Abflusskomponenten respektive für den zunehmenden Einfluss von Grundwasser und Bodenwasser aus den Auenbereichen geeignet. Zink, Mangan, Kupfer und Phosphat sind in dieser Merkmalskombination markante Zeiger eines schnell auftretenden anthropogenen Einflusses aus Abwasser sowie Straßen- und Siedlungsabflüssen. Zudem zeichnen sich diese schnellen Abflusskomponenten durch deutliche Anstiege des Schwebstoffgehalts aus. Im Verlauf von Winterwellen zeigen die Chemographen von Eisen und Mangan eine relativ schnelle Reaktion aufgrund der hydraulischen Anbindung tieferer Bodenschichten. Deutliche Verdünnungseffekte treten im Verlauf dieser Ereignisse bei den partikelgebundenen Schadstoffen durch den Eintrag unbelasteter Erosionsschwebstoffe aus dem Einzugsgebiet auf.

Einleitung und hydrologische Problemstellung

*Hochwasser-
ereignisse in
heterogenen
Einzugsgebieten*

In einem heterogenen Einzugsgebiet werden infolge eines Niederschlagsimpulses eine Vielzahl von Stoffquellen und Teilflächen aktiviert, die im Einzugsgebiet eine komplexe hydrochemische und hydrologische Reaktion hervorrufen. Im Verlauf von Hochwasserereignissen führt die Aktivierung autochthoner Quellen im Gewässer selbst sowie allochthoner Quellen im Einzugsgebiet zu differierenden Stoffeinträgen und einer hohen raumzeitlichen Dynamik der Belastungen mit gelösten und partikulären Substanzen. Wichtige steuernde Faktoren für die Variabilität der Abflussbildung und des Stofftransportes im Verlauf eines solchen Ereignisses sind die raumzeitliche Variation der Niederschlagsintensität und -dauer, die morphologische Beschaffenheit und Größe des untersuchten Einzugsgebietes, geologisch-pedologische Strukturen, eine heterogene Landnutzung sowie anthropogene Einflüsse (Blöschl und Sivapalan 1995, DVWK 1997, Krein 2000, Pilgrim et al. 1982, Symader et al. 1999).

*Abflussbildung
und Stoffströme*

Untersuchungen zum Abflussbildungsprozess und zur Herkunft einzelner Stoffströme im Verlauf von Hochwasserwellen finden aufgrund der zahlreichen Einflussfaktoren häufig in kleinen, weitgehend homogenen Einzugsgebieten statt (Buttle 1994, Ladouche et al. 2001, Pilgrim et al. 1982). Die Übertragung von Erkenntnissen auf größere, meist heterogene Einzugsgebiete wird erschwert. Die in einzelnen Fallstudien gewonnenen Ergebnisse sind zudem aufgrund unterschiedlicher hydrologischer Randbedingungen, unterschiedlicher Messprogramme und unterschiedlicher räumlicher sowie zeitlicher Betrachtungsmaßstäbe nur schwer zu regionalisieren (Pilgrim et al. 1982, Symader et al. 1999).

In der untersuchten Mittelgebirgsregion Trier wird der Stofftransport in erster Linie von heterogenen Einzugsgebieten kleiner bis mittlerer Größenordnung gesteuert. In dieser Studie werden im Gegensatz zu vielen anderen Fallstudien heterogene Einzugsgebiete untersucht, da bezweifelt werden muss, dass sich Ergebnisse aus homogenen Einzugsgebieten auf die Verhältnisse in der Region Trier übertragen lassen. Gerade die Heterogenität erfordert eine Erfassung von Merkmalskombinationen bei der Identifikation hydrologisch aktiver Teilflächen sowie von Stoffquellen. Durch die hohe Zahl an potenziellen Quellen und Einflussgrößen ist ein multivariater, modulartig aufgebauter Arbeitsansatz erforderlich. Gesucht wird nach Gemeinsamkeiten des gelösten und partikelgebundenen Stofftransports in vier unterschiedlich großen Einzugsgebieten (3, 35, 238, 4.259 km²), um somit prozesstypische Abläufe sowie individuelle Reaktionen der Einzugsgebiete unterscheiden zu können. Ziel ist es, übergeordnete Muster zu finden, mit deren Hilfe die Übertragung auf andere Einzugsgebiete und Regionen erleichtert wird.

Untersuchungsgebiet

Das Verständnis der ablaufenden Prozesse im Verlauf von Hochwassereignissen und insbesondere die Kombination von Abflussbildung und Stofftransport liefern wertvolle Informationen zur Charakterisierung und Beurteilung der Gewässerqualität sowie der Aktivierung und Gewichtung punktueller und diffuser Quellen. Dies ist im Kontext der neuen EU-Wasserrahmenrichtlinie (Irmer 2000, Stulgies et al. 2002) für die Erfassung anthropogener Belastungen, die Identifikation hydrologischer Fließwege und potentieller Stoffquellen, die Entwicklung von effektiven Monitoringstrategien sowie im Hinblick auf ein erfolgreiches Flussgebietsmanagement von besonderer Relevanz.

Abflussbildung und Stofftransport

Die Untersuchungsgebiete

Die vier untersuchten Einzugsgebiete (Abbildung 1) stellen typische Einzugsgebiete für die Mittelgebirge in der Region Trier dar und umfassen mehrere Maßstabsebenen.

Die heterogenen Einzugsgebiete sind durch einen deutlichen anthropogenen Einfluss gekennzeichnet und unterscheiden sich hauptsächlich in der Größe, der geologischen Ausprägung und der Landnutzung (Tabelle1).

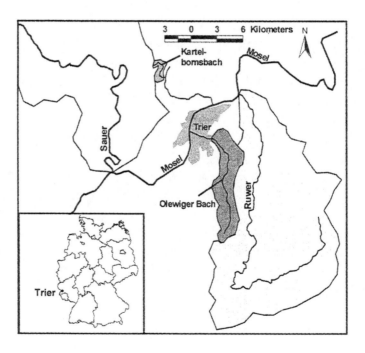

Abbildung 1.
Lage der Untersuchungsgebiete
Kartelbornsbach
Olewiger Bach
Ruwer und
Sauer

Der Kartelbornsbach (3 km²) ist das kleinste der untersuchten Einzugsgebiete und liegt ca. 7 Kilometer nordwestlich von Trier in der Südeifel. Der geologische Untergrund setzt sich überwiegend aus

Tabelle 1.

Charakteristika der untersuchten Einzugsgebiete ([a,b]Krein 2000, Udelhoven 1998, [c]Vohland et al. 2000, Udelhoven 1998, [d]Umweltbundesamt 1995, Su 1996)

	Kartelbornsbach[a]	Olewiger Bach[b]	Ruwer[c]	Sauer[d]
Einzugsgebietsgröße [km²]	3	35	238.5	4,259
Geologie	Triassische Kalke, Dolomite und Mergel	Unterdevonische Hunsrückschiefer und Quarzite	Unterdevonische Hunsrückschiefer und Quarzite	nördliches Einzugsgebiet: devonische Gesteine; südliches Einzugsgebiet: mesozoische Sedimente
Höhe ü. NN [m]: Minimum/Maximum	293.1 / 392.6	153.5 / 508.3	125.2 / 707.3	132 / 699
Hangneigung [°]: Mittel/Maximum	5.7 / 25.2	9.9 / 46.1	9.1 / 51.5	7 / 85
mittlere Jahrestemperatur [°C]	8.6[1]	8 (Hochflächen)[2] / 9.1 (Flusstal)[2]	6 (Hochflächen)[3] / 10 (Flusstal)[3]	6.9 (Hochflächen)[4b] / 8.9 (Flusstal)[4a]
mittlerer Jahresniederschlag [mm]	841[1]	784 (Flusstal)[2] / 791 (Hochflächen)[2]	700 (Flusstal)[3] / 1100 (Hochflächen)[3]	745 (Flusstal)[4a] / 966 (Hochflächen)[4b]
Landnutzung [%][5]				
Ackerland	41.8	47.2	15.8	22.6
Grünland	34.6	14.4	19.4	32.2
Weinbau		4.9	1.6	
Wald	13.4	23.6	57.0	36.5
bebaute Flächen	10.2	9.9	3.8	8.6
Wasserflächen			0.2	0.1
Forstwirtschaftliche Brachen			2.2	

[1]Krein, 2000: Datenreihe 1961-1990
[2]Krein, 2000: Datenreihe 1961-1990
[3]Vohland et al., 2000: Datenreihe nicht spezifiziert
[4]Su, 1996: 4a: Datenreihe 1970-1992; 4b: Datenreihe 1970-1991
[5]Jahr der Landnutzungsklassifikation: Kartelbornsbach: 2000; Olewiger Bach: 1990; Ruwer: 1989; Sauer: 1989

triassischen Mergeln, Kalksteinen und Dolomiten zusammen. Dauergrünland, Ackerland, einzelne Waldstücke und Buschwerk sind für die Landnutzung typisch. Eine kleine Kläranlage hat bedeutende Auswirkungen auf die Zusammensetzung des Bachwassers (Krein 2000).

Einzugsgebiet Olewiger Bach und Ruwer

Der Olewiger Bach (35 km²) und die Ruwer (238 km²) liegen im Hunsrück. Der Gesteinsuntergrund dieser beiden Einzugsgebiete wird hauptsächlich aus unterdevonischen Tonschiefern und Quarziten aufgebaut. Die Hochflächen beider Einzugsgebiete werden in weiten Teilen ackerbaulich genutzt. Charakteristisch für die steilen Hänge des Unterlaufes der Ruwer sowie für kleine Teile des Olewiger Bach Einzugsgebietes ist der Weinbau. Nord- und ostexponierte Hänge sind überwiegend bewaldet (Udelhoven 1998, Symader et al. 1999).

Einzugsgebiet Sauer

Das Sauer-Einzugsgebiet stellt mit einer Fläche von 4.259 km² einen weiteren Maßstabssprung dar. Die geomorphologische Struktur wird von der nördlichen Region (Ösling und West-Eifel) mit Höhen von über 450 m und dem im Süden gelegenen Gutland mit Höhen von unter 350 m geprägt (Umweltbundesamt 1995). Die nördlichen Regionen Ösling und die West-Eifel sind aus älteren paläozoischen, hauptsächlich devonischen Gesteinen aufgebaut. Im südlichen Gutland haben sich mesozoische, überwiegend aus der Trias und dem älteren Jura stammende Sedimente abgelagert. Das südliche Einzugsgebiet wird im Vergleich zu den nördlichen Regionen intensiv landwirtschaftlich genutzt. Zudem ist eine deutliche anthropogene Überprägung durch die Hauptstadt Luxemburg, die Stahlindustrie im Süden Luxemburgs sowie die Einleitungen von über 60 Kläranlagen in die das südliche Einzugsgebiet entwässernde

Alzette und deren Nebenflüsse kennzeichnend (Kurtenbach et al. 2001).

Mess- und Untersuchungsprogramm

Die Erfassung des Stofftransports im Verlauf von Hochwasserereignissen erfordert sowohl eine hohe Probenahmedichte als auch ein umfangreiches Messprogramm, um die Aktivierung von Stoffquellen über Merkmalskombinationen charakterisieren zu können. Neben der Beprobung von natürlichen Hochwasserereignissen zu unterschiedlichen Jahreszeiten wurden Tagesproben entnommen, um die Vorbedingungen im Gewässer zu erfassen und die Wellen im Jahresverlauf besser einordnen zu können. Zusätzlich wurden Proben unterschiedlicher Matrizes wie Ablaufproben von Kläranlagen (wöchentlich), Straßenabflüsse im Verlauf von Hochwasserwellen und Bodenwasserproben zur Beschreibung unterschiedlicher Herkunftsräume des Wassers analysiert. Die Entnahme der Wasserproben erfolgte mit 2 Liter Polyethylen (PE)-Flaschen nahe des Stromstrichs. Die Filtration der Wasserproben erfolgte im Labor über vorgeglühte Glasfaserfilter (WHATMAN GF/F). Die Schwebstoffe wurden mit 20 Litern PE-Kanistern entnommen. Im Labor wurden die Schwebstoffe anschließend mit einer Zentrifuge der Fa. SHARPLESS gewonnen. Der Zylinder der Zentrifuge war mit einer Teflonfolie ausgelegt, um Metallabrieb und damit Kontaminationen vorzubeugen. Die Bestimmung der Schwebstoffgehalte erfolgte gravimetrisch über die Differenz der Filtergewichte. Bei der Probenahme wurden die allgemeinen Wasserparameter Leitfähigkeit und Temperatur mittels Elektrode direkt vor Ort bestimmt. Die Bestimmung der einzelnen Elemente in der gelösten Phase erfolgte mit der Atomabsorptionsspektro-

Methodik der Probennahme

skopie (AAS). Die Analyse der Alkali- und Erdalka-
limetalle Kalium, Calcium und Magnesium sowie
Zink erfolgte am Atomabsorptionsspektroskop
(VARIAN-SpectrAA-10) in der Flamme mit Acety-
len-Luft-Gemisch. Die gelösten Schwermetalle Kup-
fer, Eisen und Mangan wurden im Graphit-Rohr-
AAS (VARIAN-SpectrAA-640 GTA100) gemessen.
Die Analyse wichtiger Anionen (Chlorid, Sulfat und
Nitrat) erfolgte durch Ionenchromatographie mit
Leitfähigkeitsdetektion (METROHM 690 IC). Gelöstes Ortho-Phosphat und Ammonium wurden
photometrisch bestimmt. Die Schwebstoffe wurden
für die Analyse der Schwermetalle und Nährstoffe in
Druckbomben mit konz. HNO_3 aufgeschlossen. Die
Analyse von partikelgebundenem Zink, Kupfer,
Eisen, Mangan, Kalium, Calcium und Magnesium
erfolgte ebenfalls mit der Atomabsorptionsspektro-
skopie. Die Analyse der effektiven Korngrößenverteilung (Kurtenbach et al. 2002) der Schwebstoffe
wurde mit dem Laserpartikelzählgerät CIS-1
(GALAI) durchgeführt. Zusätzlich wurden der TOC
(*total organic carbon*), der Gesamt-Kohlenstoff und
Stickstoff mit Elementaranalysatoren der Fa. LECO
bestimmt und zur Interpretation herangezogen. Die
Variabilität der Niederschlagsmenge und -intensität
wurden ebenfalls bei der Interpretation einbezogen.

Ergebnisse und Diskussion

*Reaktions-
muster
natürlicher
Abwässer*

An ausgewählten Fallbeispielen werden im folgenden wichtige, identifizierte Reaktionsmuster im
Verlauf natürlicher Hochwasserereignisse erläutert.
Die Abbildung 2 zeigt zwei Hochwasserereignisse
im Kartelbornsbach und in der Ruwer, die durch
kurze, intensive Niederschlagsereignisse ausgelöst
wurden. Die Leitfähigkeit zeigt in beiden Einzugsgebieten prägnante Verdünnungseffekte im Verlauf

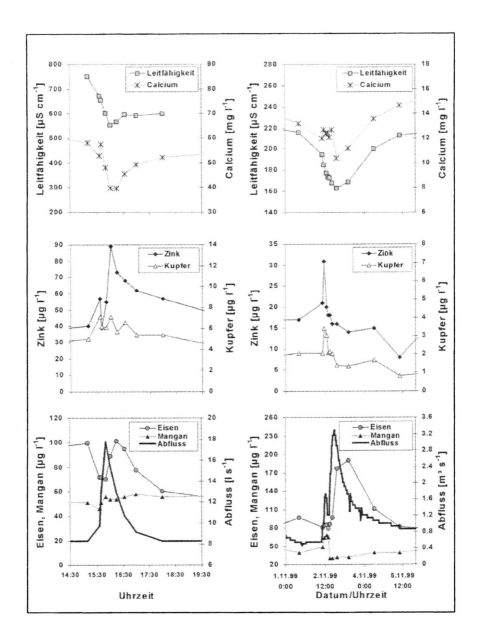

Abbildung 2.
Hochwasserwellen am 29.08.1996 im Kartelbornsbach (links) und im November 1999 in der Ruwer (rechts)

*Abfluss-
komponenten
und Inhalts-
stoffe*

der Wellen. Für diese Verdünnung sind zwei Prozesse entscheidend. Zum einen erfolgt ein schneller Eintrag von ionenarmen Oberflächenwasser, wie z.B. Straßenabflüssen (Tabelle 2) aus der nahen Umgebung der Messstellen. Zum anderen spielt im weiteren Wellenverlauf die flussabwärtige Verlagerung der gelösten Phase aus dem Einzugsgebiet eine wesentliche Rolle (Möller und Symader 2002). Die zeitlich versetzt auftretenden Maxima der in Abbildung 2 dargestellten gelösten Substanzen kennzeichnen die Beteiligung unterschiedlicher Abflusskomponenten und die Aktivierung und Erschöpfung von verschiedenartigen Stoffquellen. Neben einer Verdünnung im Verlauf der Ereignisse wird Kalzium im ansteigenden Ast beider Wellen relativ schnell mobilisiert (Abbildung 2), was mit dem Beitrag einer oberflächennahen Bodenwasserkomponente aus den Auenbereichen interpretiert wird.

*Punktuelle
Stoffeinträge
aus
Siedlungen*

Abbildung 2 verdeutlicht zudem die sehr schnelle Reaktion der gelösten Schwermetalle Kupfer und Zink zu Beginn der Ereignisse. Diese Merkmalskombination lässt sich auf eine schnelle Abflusskomponente aus Abwasser, Straßen- und Siedlungsabflüssen sowie Flush-Effekten aus Kanalisationssystemen zurückführen. Straßenabflüsse sowie Abwasser zeichnen sich im Vergleich zum Flusswasser in der Regel durch erhöhte Kupfer- und Zinkgehalte aus (Tabelle 2). Diese schnelle Abflusskomponente dominiert die Chemographen kurz nach den Regenereignissen und verliert in der weiteren Entwicklung der Hochwasserereignisse merklich an Bedeutung. Gelöstes Ortho-Phosphat zeigt ebenfalls in beiden Einzugsgebieten hohe Konzentrationen zu Beginn der Hochwasserwellen. Potentielle wichtige Quellen dieses Nährstoffes sind der Eintrag von Abwasser aus Kläranlagenabläufen und der Mischwasserkanalisation sowie der diffuse Input infolge

oberflächlicher Erosionsprozesse von landwirtschaftlich genutzten Flächen (Lawlor et al. 1998,
Rode et al. 2002). Neben diesen drei hydrochemi-
schen Tracern steigt zu Beginn zahlreicher Hochwasserwellen parallel auch der Ammoniumgehalt,
was ebenfalls ein typischer Indikator einer anthropogenen Komponente aus Abwasser, Straßendrainagen
und Kanalisationssystemen ist (Symader et al. 1999).

Tabelle 2.
Chemische Charakteristika unterschiedlicher Matrizes

	Gewässer	Schwebstoff-gehalt; (mg l^{-1})	Leitfähigkeit µS cm^{-1}	Eisen µg l^{-1}	Mangan µg l^{-1}	Zink µg l^{-1}	Kupfer µg l^{-1}
Messstelle Ruwer*	RUWER	12.9	161.7	63.9	18.5	7.8	0.7
Ablauf Kläranlage*	➔▲	4.2	409.2	12.8	80.8	23.6	1.2
Messstelle Kasel*	RUWER	10.0	138.9	67.5	14.1	7.0	0.8
Straßenabfluss Ruwer 03.01.2001	RUWER	69.1	64.0	11.6	2.9	13.2	2.7
Tagesprobe Ruwer 03.01.2001	RUWER	12.6	156.0	69.0	20.9	9.4	0.6
Straßenabfluss Ruwer 07.07.01	RUWER	4061.0	21.7	25.0	1.6	23.7	8.8
Tagesprobe Ruwer 06.07.01	RUWER	5.6	209.0	70.9	29.6	5.3	< B.G.
Straßenabfluss Sauer 19.12.2000	SAUER	934.0	197.0	103.8	157.4	17.3	3.0
Tagesprobe Sauer 19.12.2000	SAUER	14.9	309.0	31.8	13.3	< B.G.	< B.G.
Straßenabfluss Sauer 04.01.2001	SAUER	74.3	92.0	83.1	39.4	12.4	4.5
Tagesprobe Sauer 04.01.2001	SAUER	37.0	290.0	99.5	8.2	< B.G.	2.1

B.G.: Bestimmungsgrenze
*Mittelwerte der wöchentlichen Proben, jede Messstelle n = 42

Die Konzentration von gelöstem Mangan nimmt in
beiden Fließgewässern im ansteigenden Ast der
Wellen zu (Abbildung 2). Die drei Haupteintrags-
pfade für Mangan sind Abwasser (Tabelle 2), Frei-
setzungen aus dem Interstitialwasser infolge der
Sedimentremobilisierung (Krein und Symader 1999)
sowie oberflächennahes Bodenwasser (Krein 2000).

*Transport-
mechanismen
für Mangan*

In beiden Einzugsgebieten wird das im Vergleich zu
Zink und Kupfer zeitlich versetzt auftretende Man-
gan-Maximum durch die Aktivierung einer verzögerten Abflusskomponente aus mittleren Bodenschichten der Auenbereiche gesteuert. Die Mangan-

*Transport-
mechanismen
für Kupfer
und Zink*

Konzentrationen werden zu Beginn der Ereignisse zusätzlich durch den Eintrag von Abwasser aus Kläranlagen (Tabelle 2) und der Mischwasserkanalisation beeinflusst.

*Transport-
mechanismen
für Eisen*

Die deutlichste Verzögerung im Verlauf der Wellen ist beim gelösten Eisen zu beobachten (Abbildung 2). Die Maxima treten in beiden Fließgewässern erst nach Durchgang der Wellengipfel auf. Eisen geht bei niedrigeren Redoxpotentialen als beispielsweise Mangan in Lösung und reagiert daher zeitlich verzögert. Dieser verzögerte Anstieg von Eisen wird durch den Beitrag von tiefem Bodenwasser und/oder Grundwasser hervorgerufen.

*Beregnungs-
versuche*

Diese Interpretation konnte mit Beregnungsversuchen, die in Zusammenarbeit mit der Abteilung Bodenkunde der Universität Trier in den Auenbereichen der Ruwer und des Kartelbornsbaches durchgeführt wurden, verifiziert werden. Bei den Geländeexperimenten im Kartelbornsbach konnte die sukzessive Abfolge der Metalle Calcium, Mangan und Eisen im Verlauf natürlicher Hochwasserwellen auf die Aktivierung und den Beitrag von Bodenwasser aus unterschiedlichen Profiltiefen zurückgeführt werden. An einer 2,5 Meter hohen Profilwand im Kolluvium dieses Einzugsgebietes trat zunächst Bodenwasser aus dem B-Horizont aus, welches durch hohe Calcium-Gehalte charakterisiert war. Zeitlich verzögert reagierte der mittlere C-Horizont, dessen gelöste Phase durch hohe Calcium- und Mangan-Konzentrationen gekennzeichnet war. Die Abflusskomponente aus der tiefsten Bodenschicht, dem in diesem Profil anstehenden Ausgangsgestein, zeigte die markanteste zeitliche Verzögerung und war durch Calcium, Mangan und die höchsten Eisengehalte charakterisiert.

Die besondere Bedeutung des Wassers aus den Flussauen für den Stofftransport im Verlauf von Hochwasserwellen konnte auch im Ruwer-Einzugsgebiet mit Beregnungsversuchen bestätigt werden. Die Analysen des zeitlich verzögert auftretenden Bodenwassers ergaben deutlich erhöhte Gehalte von Kalzium, Mangan und insbesondere Eisen im Vergleich zum Beregnungswasser und der oberflächlich abfließenden Komponente. Zudem war Eisen im Vergleich zu den typischen Konzentrationsniveaus im Flusswasser der Ruwer am prägnantesten erhöht. Somit ist im Ruwer-Einzugsgebiet der Beitrag von Flussauenwasser insbesondere für das verzögert auftretende Maximum von Eisen im Verlauf natürlicher Hochwasserwellen verantwortlich. Neben den dargestellten gelösten Stoffen nimmt der Schwebstoffgehalt am Anfang der beiden Hochwasserwellen im Kartelbornsbach und der Ruwer deutlich zu und erreicht das Maximum vor den Wellengipfeln. Die schnelle Aktivierung von Partikelquellen infolge des Niederschlagsereignisses in der näheren Umgebung der Messstellen ist für diesen Schwebstoffanstieg verantwortlich. Zu dem raschen Partikelinput zu Beginn der Ereignisse tragen Strassenabflüsse, die im Vergleich zum Flusswasser durch deutlich erhöhte Schwebstoffgehalte gekennzeichnet sind (Tabelle 2), Flush-Effekte von Siedlungsflächen, der Eintrag von Schwebstoffen über die Entlastungen aus der Mischwasserkanalisation, die oberflächliche Erosion von landwirtschaftlich genutzten Flächen (Walling 1996) sowie eine Remobilisierung von Sedimenten (Leenaers 1989, Walling 1996) bei.

Bedeutung der Flussauen

Schwebstoffe

Quellen der Schwebstoffe

Der beschriebene, verzögerte Anstieg von gelöstem Eisen tritt im Verlauf von Winterwellen in allen Raumskalen deutlich zurück. In Abbildung 3 sind zwei Winterwellen im Januar 2001 in der

Reaktionsmuster in unterschiedlichen Raumskalen

Ruwer und der Sauer dargestellt. Durch relativ hohe Bodenfeuchten und der damit verbundenen hydraulischen Anbindung tieferer Bodenschichten erfolgt in beiden Einzugsgebieten aufgrund eines Druckimpulses eine schnelle Zunahme der Eisen- und auch der Mangangehalte im Anstieg bzw. Maximum der Wellen. Die Abbildung 3 verdeutlicht zudem, das neben den gelösten Stoffen auch die Reaktionsmuster des partikelgebundenen Schadstofftransportes in unterschiedlichen Raumskalen vergleichbare Strukturen zeigen. Die Schwebstoffgehalte weisen im Maximum beider Ereignisse die höchsten Konzentrationen auf. Im auslaufenden Ast läßt die Transportkraft der Fließgewässer nach und eine Aktivierung von Partikelquellen kann aufgrund der nachlassenden Niederschlagsintensität sowie einer Erschöpfung der Partikelquellen nicht mehr stattfinden. Aus diesem Grund sinkt der Schwebstoffgehalt schnell und deutlich ab.

Flush-Effekte in Siedlungsräumen

Hohe partikuläre Zink- und Cadmiumgehalte zu Beginn der Ereignisse (Abbildung 3) sind anthropogene Indikatoren und lassen auf Flush-Effekte von Straßen- und Siedlungsflächen, Abwasserpartikeln aus Kläranlagen sowie der Mischwasserkanalisation schließen. In einigen Einzugsgebieten konnten steigende partikuläre Schwermetall-Konzentrationen im Verlauf von Hochwasserwellen auf die Remobilisierung von hochbelasteten Sedimenten zurückgeführt werden (Haag et al. 2000, Leenaers 1989). Hingegen wurde in den Einzugsgebieten des Olewiger Baches (Krein und Symader 2000) und der Ruwer (Kurtenbach et al. 2002) im Verlauf künstlicher Hochwasserwellen eine Verdünnung der schwebstoffgebundenen Schwermetallkonzentrationen infolge der Erosion und Remobilisierung von gröberem, spezifisch unbelasteteren Partikeln aus dem Gewässerbett nachgewiesen. Dies betont die hohe

Relevanz allochthoner Einträge schadstoffbelasteter
Feststoffe bei natürlichen Hochwasserwellen.

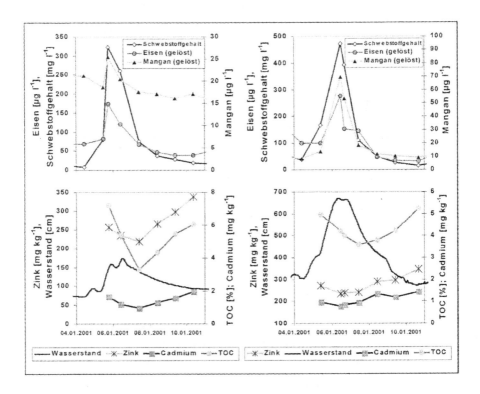

Abbildung 3.
Dynamik des Stofftransports im Verlauf einer Winterwelle in den Einzugsgebieten der Ruwer (links) und Sauer (rechts), Januar 2001

Im weiteren Verlauf der Hochwasserwellen (Abbildung 3) dominiert der Eintrag von unbelastetem
Erosionsmaterial aus dem Einzugsgebiet was sich in
einem Absinken der Schwermetallkonzentrationen
widerspiegelt (Hellmann 1996, Zwolsmann et al.
2000). Im abfallenden Ast und bei sinkenden
Schwebstoffgehalten treten relativ gesehen wieder
Abwasserschwebstoffe aus Kläranlagenabläufen

*Effekte von
Hochwasser-
wellen*

oder diffusen Einträgen mit höheren Schwermetall-
gehalten in den Vordergrund, was einen erneuten
Anstieg der Schwermetallgehalte zur Folge hat
(Hellmann 1996, Kurtenbach et al. 2001).

*TOC-Gehalte
in Erosions-
schwebstoffen*

Der Eintrag von Erosionsschwebstoffen verursacht
ebenso die deutliche Abnahme der TOC (*total organic carbon*)-Gehalte. Steigende Anteile von Abwas-
ser- und Niedrigwasserschwebstoffen (Udelhoven
1998) verursachen dann in späten Stadien der Winterwellen wieder einen Anstieg der TOC-Gehalte.
Zudem ist eine Parallelität insbesondere der Zink-
und TOC-Ganglinie erkennbar, was mit der Affinität
dieses Schwermetalls zur organischen Substanz
erklärt werden kann (Yu et al. 2001). Die partikelge-

*Dynamik parti-
kelgebundener
Schwermetalle*

bundenen Schwermetalle zeigten im Verlauf dieser
Winterwellen keine deutliche Beziehung zu den
Korngrößenverteilungen der Schwebstoffe. Treten
im Verlauf von künstlichen Hochwasserwellen, wo
nur wenige authochthone Quellen im Gewässerbett
aktiviert werden, noch deutliche positive Korrelationen zwischen partikulärem Blei- und Zinkgehalt
sowie dem Tonanteil der Schwebstoffe auf (Krein
und Symader 2000, Kurtenbach et al. 2002), sind
diese Beziehungen im Verlauf natürlicher Hochwasser aufgrund der zusätzlich wirkenden, allochthonen
Einflussgrößen maskiert. Die Variabilität der parti-
kulär gebundenen Schwermetalle wird daher unter
natürlichen Bedingungen entscheidend von der Aktivierung und Erschöpfung von Schadstoff- und
Partikelquellen bestimmt.

*Niederschlag
und hydroche-
mische Reaktion*

Die Intensität hydrochemischer Reaktionen im Verlauf von Hochwasserwellen zeigt eine deutliche
Abhängigkeit von der Niederschlagsintensität bzw.
dem Niederschlagsvolumen. In Tabelle 3 sind exemplarisch je zwei Ereignisse in der Ruwer und im
Kartelbornsbach gegenübergestellt.

Die Niederschlagsstationen liegen jeweils in der näheren Umgebung der Messstellen. Die zunehmende Niederschlagsintensität führt dabei zu deutlicheren Sprüngen der maximalen Konzentrationen von Schwebstoffgehalt, Eisen und Mangan im Verlauf der Hochwasserereignisse im Vergleich zu den Vorbedingungen im Gewässer (Tabelle 3).

Tabelle 3.

Abhängigkeit der Konzentrationssprünge von Schwebstoffgehalt, Mangan und Eisen von der Niederschlagsmenge /-intensität

		Ruwer (238.5 km²)		Kartelbornsbach (3 km²)	
Datum		02.11.1999	11.05.2000	29.08.1996	11.06.1997
Niederschlagsmenge	mm	20.7	77.3	8.4	10.8
Niederschlagsintensität		8 mm/h	42.4 mm/h	0.8 (mm/5min)	2.0 (mm/5min)

		Vorb.	Max.	Vorb.	Max.	Vorb.	Max.	Vorb.	Max.
Schwebstoffgehalt	mg/l	32	→ 134	122	→ 5.926	26	→ 145	10	→ 2.028
Mangan	µg/l	49	→ 68	16	→ 166	46	→ 56	23	→ 69
Eisen	µg/l	79	→ 191	40	→ 498	70	→ 100	49	→ 86

Vorb.: Vorbedingungen im Gewässer; Max.: Maximalkonzentration im Verlauf der Wellen

Schlussfolgerungen

Die Ergebnisse zum ereignisbezogenen gelösten und partikulären Stofftransportes in unterschiedlichen Raumskalen haben eine besondere Bedeutung für das Verständnis der steuernden Prozesse und für die Übertragbarkeit von Mustern und Prozessen zwischen verschiedenen Einzugsgebieten.

Alle untersuchten Fließgewässer zeigen neben einer individuellen einzugsgebietsspezifischen Reaktion vergleichbare Reaktionsmuster im Verlauf natürlicher Hochwasserereignisse. Die Chemographen von Eisen und Mangan eignen sich zum

Reaktionsmuster von Einzugsgebieten

einen für die Identifikation verzögerter Abflusskomponenten steigende Anteile von flussnahem Grund- und Bodenwasser im Verlauf von Hochwassern, die kurzen und heftigen Regenereignissen folgen. Zum anderen können diese Schwermetalle im Winterhalbjahr aufgrund höherer Bodenfeuchten und einer hydraulischen Anbindung tieferer Bodenschichten eine schnelle Reaktion von Boden- und Grundwasser im Anstieg bzw. Maximum der Wellen aufzeigen. Zink, Kupfer, Mangan und Phosphat sind in dieser Merkmalskombination markante Zeiger eines schnell auftretenden anthropogenen Einflusses aus Abwasser, Kanalisationsabspülungen und Einträgen von Straßen- und Siedlungsabflüssen. Die Chemographen der partikelgebundenen Schadstoffe zeigen im Verlauf von Winterwellen in allen Einzugsgebieten deutliche Verdünnungseffekte durch den Eintrag unbelasteter Erosionsschwebstoffe aus dem Einzugsgebiet. Die Prozesse sowohl des gelösten als auch des partikulären Stofftransports im Verlauf der Ereignisse sind in erster Linie von der Aktivierung und Erschöpfung der Stoff- und Partikelquellen abhängig. Die Reaktion der Einzugsgebiete infolge eines Niederschlagsereignisses wird zudem von der Intensität und Menge des Niederschlages gesteuert. Insbesondere große Niederschlagsmengen und intensive Regenereignisse verursachen deutliche Änderungen in den Chemographen der gelösten Stoffe sowie des Schwebstoffgehaltes.

Bezug zur
EU-WRRL

Diese Ergebnisse liefern wichtige Informationen für die im Zusammenhang mit der neuen EU-Wasserrahmenrichtlinie erforderliche Ermittlung anthropogener Belastungen. Gerade das Verständnis der kurzfristigen zeitlichen Dynamik des Stofftransportes im Verlauf von Hochwasserwellen sowie die Kopplung von Abflussbildung und Stofftransport ist entscheidend für die Beurteilung des Schadstoff transportes und der Aktivierung und Gewichtung punktueller und diffuser Quellen.

Danksagung

Diese Arbeiten werden im Rahmen des Sonderforschungsbereiches 522 „Umwelt und Region", Teilprojekt B9 „Der Stofftransport in Fließgewässern als Teil einer regionalen Stoffflussanalyse" an der Universität Trier durchgeführt. Der Deutschen Forschungsgemeinschaft danken wir für die finanzielle Unterstützung. Dem Landesamt für Wasserwirtschaft Rheinland-Pfalz wird für die Bereitstellung von Abflussdaten und Niederschlagsdaten und der Landesanstalt für Pflanzenbau und Pflanzenschutz Rheinland-Pfalz für die Bereitstellung von Niederschlagsdaten gedankt.

Literatur

Blöschl G, Sivapalan M (1995) Scale issues in hydrological modelling: a review. Hydrological Processes, 9, 251-290

Buttle JM (1994) Isotope hydrograph separations and rapid delivery of pre-event water from drainage basins. Progress in Physical Geography, 18, 1, 6 - 41

DVWK [Hrsg] (1997) Wasserwirtschaftliche Bedeutung der Festlegung und Freisetzung von Nährstoffen durch Sedimente in Fließgewässern. DVWK-Schriften, 115, Hamburg, Berlin

Haag I, Kern U, Westrich B (2000) Assessing in-stream erosion and contaminant transport using the end-member mixing analysis (EMMA). IAHS Publikation, 263, 293-300

Hellmann H (1996) Organische Spurenstoffe in Gewässerschwebstoffen. In: Steinberg et al. [Hrsg.] Handbuch Angewandte Limnologie, Kap. VII - 3.1.

Irmer U (2000) Die neue EG-Wasserrahmenrichtlinie: Bewertung der chemischen und ökologischen Qualität von Oberflächengewässern. Acta hydrochim. hydrobiol. , 28, 1, 7-14

Krein A, Symader W (1999) Artificial flood release, a tool for studying river channel behaviour. Proceedings of the Second International Symposium on Environmental Hydraulics at Hongkong, Dez. 1998, 739-745

Krein A, Symader W (2000) Pollutant sources and transport patterns during natural and artificial flood events in the Olewiger Bach and Kartelbornsbach basins, Germany. IAHS Publikation 263, 167-173

Krein A (2000) Stofftransportbezogene Varianzen zwischen Hochwasserwellen in kleinen Einzugsgebieten unter Berücksichtigung partikelgebundener toxischer Umweltchemikalien. Dissertation Universität Trier, Aachen

Kurtenbach A, Bierl R, Symader W (2001) The influence of morphology and land-use on particle bound inorganic and organic pollutant transport in the Sauer river basin. IHP/OHP-Berichte; Sonderh. 12, Proceedings of the International Conference on Hydrological Challenges in Transboundary Water Resources Management, Koblenz, 325-329

Kurtenbach A, Krein A, Symader W (2002) The dynamics of contaminant transport at different scales during natural and artificial flood events. Commission for the Hydrology of the Rhine Basin (CHR), Proceedings of the International Conference on Flood Estimation, 6 - 8 März 2002, Bern, Schweiz, (im Druck)

Ladouche B, Probst A, Viville D, Idir S, Baqué D, Loubet M, Probst JL, Bariac T (2001) Hydrograph separation using isotopic, chemical and hydrological approaches (Strengbach catchment, France). Journal of Hydrology 242, 255-274

Lawlor AJ, Rigg E, May L, Woof C, James JB, Tipping E (1998) Dissolved nutrient concentrations and loads in some upland streams of the Englisch Lake District. Hydrobiologia 377, 85-93

Leenaers H (1989) The transport of heavy metals during flood events in the polluted river Geul (The Netherlands). Hydrological processes, 3, 325-338

Möller S, Symader W (2002) Längsprofilmessungen während einer Hochwasserwelle - Wie aussagekräftig ist der Pegel für das Einzugsgebiet? Müller, P., Rumpf, St., Monheim, H. [Hrsg.]: Umwelt und Region - Aus der Werkstatt des Sonderforschungsbereiches 522, Trier, 231-234

Pilgrim DH, Cordery I, Baron BC (1982) Effects of catchment size on runoff relationships. Journal of Hydrology 58, 205-221

Rode M, Ollesch G, Meißner R (2002) Ermittlung von landwirtschaftlichen Phosphoreinträgen in Fließgewässer durch Oberflächenabfluss. KA – Wasserwirtschaft, Abwasser, Abfall, 49, 6, 837-843

Stulgies H, Baumgart HC, Patt H (2002) EU-Wasserrahmenrichtlinie, Ermittlung der signifikanten anthropogenen Belastungen – Was ist gemeint? – Wie wird ermittelt?. KA Wasserwirtschaft, Abwasser, Abfall, 49, 1, 12-15

Su Z (1996) Remote sensing applied to Hydrology: The Sauer river basin study. Dissertation, Universität Bochum, Schriftenreihe Hydrologie/Wasserwirtschaft, Bochum

Symader W, Bierl R, Gasparini F (1999) Abflußereignisse, eine skalenabhängige, multiple Antwort von Einzugsgebieten auf Niederschläge. Acta hydrochim. Hydrobiol. 27, 2, 87-93

Udelhoven T (1998) Die raumzeitliche Dynamik des partikelgebundenen Schadstofftransportes bei Trockenwetterbedingungen in kleinen heterogenen Einzugsgebieten. Dissertation, Trierer Geographische Studien, Heft 19, Trier

Umweltbundesamt [Hrsg] (1995) Entwicklung eines mathematischen Modells zur Untersuchung des Einflusses von Klima- und Landnutzungsänderungen auf den Hoch- und

Niedrigwasserabfluß im Einzugsgebiet der Mosel sowie zur Echtzeitvorhersage unter Verwendung von Fernerkundungstechniken. Forschungsbericht Wasser 102 01 304, Berlin

Vohland M, Treis A, Krein A, Udelhoven T, Hill J (2000) Landnutzungsbezogene Modellierung hochwassergenetisch relevanter Abflusskomponenten im Ruwer-Einzugsgebiet. Hydrologie und Wasserbewirtschaftung 44, 4, 190-200

Walling DE (1996) Suspended sediment transport by rivers: a geomorphological and hydrological perspective. Archiv für Hydrobiologie, Special issue: Advances in Limnology 47, 1-27

Yu KC, Tsai LJ, Chen SH, Ho ST (2001): Correlation analyses on binding behaviour of heavy metals with sediment matrices. Water Research, 35, 10, 2417-2428

Zwolsman JG, Kouer RM, Hendriks AJ (2000) Environmental impacts of river floods in the Netherlands. ATV-DVWK-Schriftenreihe 21, Gewässerlandschaften Aquatic landscapes, Bonn

Einzugsgebiete auf der Mesoskala

Einzugsgebiete auf der Mesoskala:

Die EU-Wasserrahmenrichtlinie in ihrer Bedeutung für die Forschung zu mesoskaligen Einzugsgebieten

Bernd Hansjürgens

Mit der neuen Europäischen Wasserrahmenrichtlinie (EU-WRRL), die am 22. Dezember 2000 in Kraft trat rückt die Betrachtung des gesamten Einzugsgebiets eines Flusses von der Quelle bis zur Mündung in den Mittelpunkt der Betrachtung. Für Deutschland bedeutet dies eine besondere Herausforderung, da die bisherige Bearbeitung einzelner Flussabschnitte einer administrativen Einteilung folgte und nun durch die von der EU-WRLL geforderte ganzheitliche Betrachtung abgelöst werden muss.

Mit der neuen Europäischen Wasserrahmenrichtlinie (EU-WRRL), die am 22. Dezember 2000 in Kraft trat, wird der Gewässerschutz in Europa auf eine neue konzeptionelle Grundlage gestellt (EU-WRRL 2000). Die WRRL löst verschiedene andere europäische Richtlinien mit Wasserbezug, die zum Teil unverbunden nebeneinander standen und nicht aufeinander abgestimmt waren, ab und schafft für den europäischen Gewässerschutz einen kohärenten und in sich schlüssigen Rahmen. Darüber hinaus enthält die EU-WRRL eine ganze Reihe neuer Ansätze im Umgang mit Gewässerressourcen (Schmalholz und von Keitz 2002): So sollen Flusseinzugsgebiete und unmittelbar mit ihnen zusammenhängende Landökosysteme von den für ihre Bewirtschaftung zuständigen staatlichen Behörden nicht mehr nach administrativen Verwaltungsgrenzen, sondern nach ihren naturräumlichen Gegebenheiten bewirtschaftet werden. Damit rückt die Betrachtung des gesamten Einzugsgebiets eines Flusses von der Quelle bis zur Mündung in den Mittelpunkt der Betrachtung. Für Deutschland bedeutet dies eine besondere Herausforderung, da die bisherige Bearbeitung einzelner Flussabschnitte einer administrativen Einteilung folgte und nun durch die von der EU-WRLL geforderte ganzheitliche Betrachtung abgelöst werden muss. Für Oberflächenwässer wird in der EU-WRRL ein guter ökologischer und chemischer Zustand und für Grundwasser ein guter chemischer Zustand gefordert. Gefordert wird auch eine stärkere Berücksichtigung ökonomischer Aspekte: So ist nach Art. 5, 9 und Anhang III der WRRL eine wirtschaftliche Analyse durchzuführen, die ausreichende Informationen zur Berücksichtigung des Kostendeckungsprinzips, zu den Anreizen der Wassergebührenpolitik sowie zu den Kosten der Maßnahmen liefern soll (Interwies und Kraemer 2002, Hansjürgens und Messner 2002).

Im Zuge der Umsetzung der EU-WRRL sind die Mitgliedsländer der EU aufgefordert, innerhalb bestimmter Fristen Bewirtschaftungspläne aufzustellen. In diesen Bewirtschaftungsplänen soll eine Bestandsaufnahme der Oberflächenwässer und des Grundwassers erfolgen, und es sollen Maßnahmen zur Erreichung des guten ökologischen und chemischen bzw. (beim Grundwasser) des guten chemischen Zustandes dargelegt werden. Zur Verwirklichung der Ziele der WRRL wird die nachhaltige Gewässerbewirtschaftung zukünftig stärker in andere Politikbereiche integriert werden müssen, etwa in die Landwirtschafts-, Energie- und Verkehrspolitik. Dies ergibt sich auch daraus, dass die an die Gewässer angrenzenden Landökosysteme mit zu betrachten sind. Für das Oberflächenwasser wie für das Grundwasser müssen die Quellen und Eintragspfade von Belastungen stärker in den Blick genommen werden, um Maßnahmen ableiten zu können (Punktquellen, diffuse Quellen, Wasserentnahme, Gewässermorphologie, Landnutzung, Abflussregulierung). Bei der Frage diffuser Stoffeinträge ist zudem zu analysieren, ob und inwieweit die Abfluss- und Transportprozesse, mit denen diffuse Stoffeinträge von landwirtschaftlichen Flächen in das Grundwasser gelangen, ein differenziertes Belastungspotenzial der Flächen auf die Stoffeinträge in Gewässer bewirken (Quast et al. 2002). Diese flächendifferenzierten Belastungsprofile sind nach der EU-WRRL für Maßnahmenkombinationen zu nutzen.

Für die Umsetzung der EU-WRRL kommt es sehr darauf an, dass die Flussgebiete in ihrer Gesamtheit erfasst und dargestellt werden. Es geht nicht primär darum, spezifische Aussagen zu einzelnen Flussabschnitten abzuleiten, sondern vielmehr um Betrachtungen zum Flusseinzugsgebiet als Ganzem. Die Einzugsgebiete sind (zumeist größere) räumliche Einheiten, für die nicht nur die Beschreibung des ökologischen und chemischen Zustands erfolgen muss, sondern für die auch – bei Abweichungen vom guten Zustand – Maßnahmen auf der Ebene des Einzugsgebiets, also auf aggregierter Ebene, entwickelt und umgesetzt werden müssen. Die gesamte Vorgehensweise bei der Erstellung von Bewirtschaftungsplänen wird daher viel stärker von der gesamthaften Betrachtung der Flusseinzugsgebiete und von einem „Top-down-Ansatz" geprägt sein. Diese „Top-Down-Ansätze" sind dann nach dem Gegenstromprinzip mit „Bottom-Up-Ansätzen" zu koppeln. Ausgehend von den großen Flüssen werden die Betrachtungen nur insoweit auf kleine Flusseinzugsgebiete gerichtet sein, wie es für die Ableitung gesamthafter Aussagen notwendig erscheint.

Für all diese Aufgaben ist von der räumlichen Betrachtungsebene her ein Ansatz geboten, der sowohl die mikroskalige, aber auch die meso- und die makroskalige Betrachtung einschließt. Viele Forschungsarbeiten waren in der Vergangenheit aber sehr stark auf die mikroskalige Ebene fokussiert. Dies ergab sich insbesondere daraus, dass es hier aufgrund messtechnischer Verfahren sehr gut möglich ist, verlässliche Aussagen zu den stofflichen Belastungen sowie den Abfluss- und Transportprozessen zu treffen. Möglichkeiten zur Modellierung größerskaliger Effekte standen noch nicht in dem Maße wie heute zur Verfügung. Schwieriger gestalteten sich Aussagen daher immer dann, wenn auf höhere (meso- oder makroskalige) Betrachtungsebenen übergegangen wurde, weil sich dann die jeweiligen Rahmenbedingungen, wie z.B. Bodenbeschaffenheit, Relief der Landschaft, damit zusammenhängend Retentionspotential der Landschaft usw. ändern. Vor diesem Hintergrund sind heute verstärkt Verfahren, Ansätze und Methoden zu entwickeln bzw. zu verbessern, die eine Ableitung von Stoffbelastungen, Abfluss- und Transportregimen auf der mesoskaligen Ebene zum Gegenstand haben.

Daneben ergibt sich die Notwendigkeit einer stärkeren Fokussierung auf eine mesoskalige Betrachtungsebene aber noch aus einem zweiten, von der EU-WRRL unabhängigen Grund: Angesichts (grundsätzlich) knapper Forschungsmittel ist es aus einer ökonomischen Perspektive heraus nicht angebracht, allein umfassende mikroskalige Analysen vorzunehmen, um über den Weg aufwändiger flächenbezogener mikroskaliger Betrachtungen zu gesamthaften Aussagen über ein Flusseinzugsgebiet zu gelangen. Der Forschungsaufwand würde bei einer solchen Vorgehensweise ins Uferlose steigen, und Forschungsaufwand und Forschungsertrag stünden in einem nicht vertretbaren (Miss-)Verhältnis. Auch vor diesem Hintergrund ergibt sich das Erfordernis einer stärkeren Bezugnahme auf mesoskalige Betrachtungsebenen. Dabei ist jedoch stets eine Verifizierung von mesoskaligen Analyseergebnissen, die aus Modellen, Extrapolationen und ähnlichem gewonnen werden, durch mikroskalige Feldexperimente erforderlich.

In diesen Zusammenhang sind die nachfolgenden Beiträge einzuordnen: sie zeigen Wege und Möglichkeiten auf, wie man zu Aussagen zur Landschaftsökologie auf einer mesoskaligen Ebene gelangen kann:

- **Anne Mense-Stefan** stellt in ihrem Beitrag Überlegungen vor, wie man bezüglich der Versickerungsraten von Wasser zu Aussagen für ein Bundesland gelangen kann. Diese Überlegungen haben vor dem Hintergrund der EU-WRRL besonderer Bedeutung für die Ableitung von Managementmaßnahmen. Denn wenn sich alternative Maßnahmen zur Bewirtschaftung von Gewässern auf diffuse Stoffeinträge in der Landwirtschaft beziehen, so ist von größter Bedeutung, wie die Versickerungsraten auf einzelnen Flächen einzuschätzen sind. Der Schadstoffaustrag wird ganz wesentlich von dieser Größe mitbestimmt, so dass es ein Fehler wäre, wenn bei Maßnahmen zur Minimierung des Schadstoffaustrags nicht hierauf Bezug genommen würde.
- **Uta Steinhardt** und **Martin Volk** widmen sich in ihrem Beitrag der Frage, in welcher Weise hierarchische Modellierungsansätze einen Beitrag zur mesoskaligen Landschaftsanalyse leisten können. Dazu stellen sie verschiedene Modelle vergleichend dar und würdigen ihr jeweiliges Potenzial.
- **Ulrike Hirt** untersucht am Beispiel der mittleren Mulde die punktuellen und diffusen Stickstoffeinträge. Sie zeigt aus welchen Quellen die Belastungen kommen, wie sie sich im Zeitablauf verändert haben und welche Anknüpfungsmöglichkeiten für zukünftige gewässerbezogene Maßnahmen bestehen.

Den drei Beiträgen ist nicht nur gemein, dass sie die mesoskalige Betrachtungsebene anwenden. Sie sind auch durch die enge wechselseitige Betrachtung des

Zusammenhangs von Gewässersystem und angrenzenden Landökosystemen gekennzeichnet. Gerade dieser Aspekt dürfte zukünftig für eine angemessene Bewertung von Gewässerzuständen wie auch für die Ableitung von Maßnahmen für einen nachhaltigen Gewässerschutz von erheblicher Bedeutung sein.

Literatur

EU-WRRL (2000) Richtlinie 2000/60/EG des Europäischen Parlaments und des Rates vom 23. Oktober 2000 zur Schaffung eines Ordnungsrahmens für Maßnahmen im Bereich der Wasserpolitik, Abl. EG vom 22.12.2000, Nr. L 327/1, Brüssel

Hansjürgens B, Messner F (2002) Die Erhebung kostendeckender Preise in der Wasserrahmenrichtlinie. In: Schmalholz M, von Keitz S [Hrsg] Handbuch der EU-Wasserrahmenrichtlinie, Berlin, S. 293-319

Interwies U, Kraemer RA (2002) Ökonomische Aspekte der EU-Wasserrahmenrichtlinie. In: Schmalholz M, von Keitz S [Hrsg] Handbuch der EU-Wasserrahmenrichtlinie, Berlin, S. 263-291

Quast J, Steidl J, Müller K, Wiggering H (2002) Minderung diffuser Stoffeinträge. In: Schmalholz M, von Keitz S [Hrsg] Handbuch der EU-Wasserrahmenrichtlinie, Berlin, S. 177-219

Schmalholz M, von Keitz S [Hrsg] (2002) Handbuch der EU-Wasserrahmenrichtlinie, Berlin

Standortdifferenzierte Abschätzung von Sickerwasserraten in einem planungs- relevanten Maßstab - Regionale Betrachtungen des Bodenwasserhaushaltes

Anne Mense-Stefan

Zur Ermittlung standortdifferenzierter lokaler Sickerwassermengen aus Niederschlag wurden bereits zahlreiche Berechnungsverfahren in der Literatur vorgestellt. Ein großer Teil dieser Rechenmodelle beruht auf der Bilanzierung des Bodenwasserhaushaltes. Der vorliegende Beitrag geht der Frage nach, inwieweit solche Bodenwasserhaushaltsmodelle nicht nur für einzelne Einzugsgebiete, sondern auch auf größere Untersuchungsgebiete, wie z.B. ein Bundesland, anwendbar sind und dabei eine räumliche Differenzierung zulassen. Vorgestellt wird ein Modell, mit dem standortdifferenzierte Sickerwassermengen für die Fläche eines Bundeslandes abgeschätzt werden können. Einflussfaktoren, die die räumlichen Unterschiede der Sickerwassermengen bestimmen, wie der Niederschlag, die Verdunstung, die Vegetation und Oberflächen- bedeckung, der Boden und das Relief, werden detailliert berücksichtigt.

Einleitung[1]

Die Sickerwasserrate ist eine wichtige Komponente des Stoff- und Wasserhaushaltes, die Aufschluss über planungsrelevante Aspekte liefert, z.B. zur Grundwasserneubildung, zum Beregnungsbedarf oder zur Austragsgefährdung von Schadstoffen im Boden.

*Definition
Sickerwasser*

Der Begriff Sickerwasser bezeichnet nach der DIN 4049 unterirdisches Wasser, das sich durch Überwiegen der Schwerkraft abwärts bewegt, soweit es kein Grundwasser ist. Das bedeutet, die Versickerung findet in der ungesättigten Bodenzone statt. Da auf bewachsenen Standorten innerhalb der durchwurzelten Bodenzone auf- wie abwärtsgerichtete Wasserbewegungen auftreten, wird im Folgenden unter Sickerwasserrate die Menge des Sickerwassers verstanden, die an der Untergrenze der durchwurzelten Bodenzone in den Sickerraum eindringt.

*Modellierung
der Sicker-
wasserrate*

Es handelt sich um eine Größe, die sich nur unter großem Aufwand direkt messen lässt. Aus diesem Grund befassen sich zahlreiche Studien aus unterschiedlichen Fachrichtungen mit der indirekten Bestimmung der Sickerwasserrate und liefern eine Vielzahl an Sickerwassermodellen. Die Anwendung empirischer Sickerwassermodelle erfolgt dabei meist entweder bei kleinmaßstäbigen Betrachtungen in relativ vereinfachten, groben Verfahren (z.B. Bach 1987, Dorhöfer und Josopait 1980) oder beschränkt sich auf kleine und mittlere Einzugsgebiete mit Flächenausdehnungen von weniger als 10 km² bis zu einigen 100 km².

Nur wenige Studien wählen einen mittleren Betrachtungsmaßstab, wie z.B. Klaassen und Scheele (1996), Lunkenheimer (1994) oder Grossmann (1998). Die kleinräumigen Untersuchungen bieten den Vorteil, dass sich benötigte Daten zur Charakterisierung des Wasserhaushaltes in zeitlicher wie räumlicher Auflösung relativ gut erheben lassen. Der Bedarf an detaillierten Kenntnissen über den Wasserhaushalt, speziell über die Sickerwasserrate, geht jedoch über diese kleinen räumlichen Einheiten hinaus. Daher sollten sich die hier entwickelten empirischen Modelle auch auf größere Räume übertragen lassen.

Ziel der vorgestellten Arbeit ist es daher, standortdifferenzierte Sickerwasserraten für einen planungsrelevanten Raum – das Bundesland Hessen – abzuschätzen und flächenhaft darzustellen. Anlass ist die Suche nach Beurteilungskriterien für kontaminierte Flächen, z. B. Altablagerungen und Altstandorte. Im Boden vorhandenen Schadstoffe können über Niederschlags- und Sickerwasser im Boden gelöst und mobilisiert werden. Wie stark die Mobilisierungsgefahr ist, lässt sich bei Kenntnis der Lösungskonzentration des Schadstoffes über die Sickerwasserrate abschätzen (Preuss und Szöcs 1996, Szöcs 1999). Anhand der langfristigen durchschnittlichen Sickerwasserrate soll daher die lokal verfügbare Menge des potentiellen Lösungsmittels für jeden Standort in Hessen abgeschätzt werden. Es soll damit eine einheitliche Grundlage geschaffen werden, die es erlaubt, vergleichende Aussagen über die Austragsgefährdung kontaminierter Standorte treffen zu können. Darüber hinaus ist die Sickerwasserrate eine wichtige Kenngröße für viele andere Fragestellungen, wie z. B. zur Wasserversorgung, in der Landwirtschaft oder im Bodenschutz.

Ableitung standortdifferenzierter Sickerraten

Mesoskaliges
Untersuchungs-
gebiet: Hessen

Das Untersuchungsgebiet bezieht sich somit bewusst auf einen administrativ abgegrenzten Raum, da dies die Ebene für vergleichende Bewertungen und politische Entscheidungen ist. Hier mangelt es bislang an flächendeckenden Aussagen zur Infiltration und Absickerung. Gleichzeitig stehen auf Landesebene langjährige Messungen und einheitliche Daten zur Charakterisierung einflussnehmender Standortfaktoren zur Verfügung.

Die relativ großräumige und langfristige Betrachtung des Versickerungsprozesses bestimmt den Genauigkeitsanspruch an die Berechnungen. Dabei kommt es im Ergebnis nicht auf die absoluten Werte an, sondern auf die Vergleichbarkeit der Sickerwassermengen. Grundlage für die Berechnung der Sickerwasserrate bilden für das Land Hessen bestehende Datensätze, die den Untersuchungsraum umfassend repräsentieren. Dabei handelt es sich um:

Daten-
grundlage

- langjährige Klimamessungen,
- digitale Bodendaten,
- ein digitales Höhenmodell,
- Satellitendaten und digitalisierte Lufbilder.

Auf der Grundlage dieser Daten werden flächendeckend Kenngrößen des Wasserhaushaltes abgeleitet, um die standortdifferenzierten Sickerwassermengen daran zu modellieren.

Im Folgenden werden zunächst die theoretischen Grundlagen der Sickerwasserberechnung erläutert. Anschließend wird die Anwendbarkeit bestehender Bodenwasserhaushaltsmodelle diskutiert und die Modellkonzeption vorgestellt, auf der die Berechnung der Sickerwasserrate für Hessen basiert.

Darauf folgt eine Erläuterung der Datengrundlage und durchgeführter Aufbereitungsschritte sowie die Vorstellung der Berechnungsschritte und erster Ergebnisse.

Konzeption eines standortdifferenzierten Sickerwassermodells für Hessen

Wasserhaushalt und seine Einflussgrößen an einem Standort

Die Sickerwasserrate als Teil des Abflusses (A) lässt sich auf der Grundlage der allgemeinen Wasserhaushaltsgleichung mit der Kenntnis von Verdunstungs- (V) und Niederschlagsmengen (N) indirekt bestimmen.

Grundlagen eines standortdifferenzierten Sickermodells

$$N = A + V$$

Dabei sind die hydrologischen Prozesse Niederschlag, Abfluss und Verdunstung je nach Standort weiter zu differenzieren, denn die ökologischen Verhältnisse an einem Ort bestimmen Art und Umfang des Wasseraustausches. Abbildung 1 gibt eine schematische Übersicht über die Prozesse, die bei der Betrachtung der Versickerung aus Niederschlag zu berücksichtigen sind und verdeutlicht die Rolle der einzelnen geoökologischen Kompartimente im Wasserhaushalt. Das **Klima** bestimmt die Menge des Niederschlags (N) sowie Einstrahlung, Temperatur und Luftfeuchte, die ihrerseits die potentielle Verdunstung (Evapotranspiration ETp) beeinflussen. Letztere wird durch die **Vegetation** modifiziert, die durch aktive Wasserdampfabgabe (Transpiration) sowie durch Interzeption (I), d.h. das Abfangen des Niederschlags an Pflanzenteilen, die tatsächliche Verdunstung (ETa) mitbestimmt.

Zahlreiche Untersuchungen zum Einfluss der Vegetation auf die Verdunstung zeigen, dass mit zunehmendem Bedeckungsgrad die Evapotranspiration zunimmt (Brechtel und Scheele 1982, Sokollek 1983, Ernstberger 1987, Meuser 1989, DVWK 1996, Dommermuth und Trampf 1995).

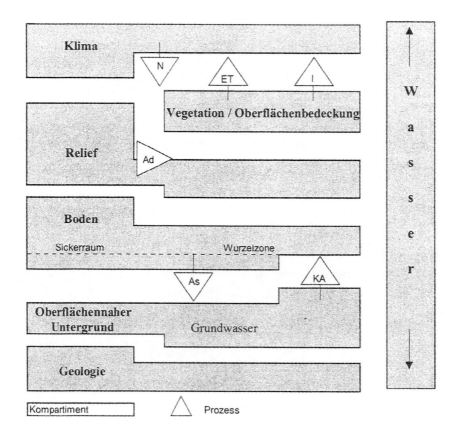

Abbildung 1.

Kompartimentmodell des Wasserkreislaufes (Preuss und Szözs 1996, modifiziert)

Doch nicht nur die Vegetation, sondern auch die Versiegelung von Flächen hat Einfluss auf die tatsächliche Verdunstungsmenge und Absickerung. Insgesamt führt die Versiegelung zu einer Erhöhung und Beschleunigung des Oberflächenabflusses und dadurch zur Verminderung der Verdunstung (DVWK 1996, 71f.). Daher ist der Versiegelungsgrad einer Fläche bei der Abschätzung der tatsächlichen Verdunstung zu berücksichtigen.

Der **Boden** spielt aufgrund seiner Eigenschaft als Speicher ebenfalls eine wichtige Rolle beim Verdunstungs- und Versickerungsprozess. Je nach Beschaffenheit (Mächtigkeit, Feinboden und Humusanteil) hält er infiltriertes Wasser entgegen der Schwerkraft in den oberen Bodenschichten zurück, welches im Bereich der Wurzelzone den Pflanzen zur Verfügung steht. Zeigt der Boden zudem Stau- oder Grundwassereinflüsse, so können die Pflanzenwurzeln zeitweise ihren Wasserbedarf zusätzlich aus dem Grund- bzw. Stauwasser über den kapillaren Aufstieg (KA) decken (AG Boden 1994, Sponagel 1983). Die Versickerung aus der Wurzelzone in den darunter liegenden Sickerraum (As) erfolgt erst dann, wenn die Menge des infiltrierten Niederschlags die Speicherkapazität des Bodens übersteigt (Grossmann 1996).

Einfluss des Boden

Ein weiterer modifizierender Faktor der Sickerwassermenge ist das **Relief**, das den Direktabfluss Ad (oberirdischer Abfluss und Zwischenabfluss) sowie die Menge der eingestrahlten Energie, der Temperaturverhältnisse und darüber die Verdunstungs- und Niederschlagsverteilung wesentlich mitbestimmt (Dörhöfer und Josopait 1980, Wessolek 1992).

Einfluss des Reliefs

Bei der Modellierung der Sickerwasserrate sind somit die bestehenden ökologischen Verhältnisse sowie die beschriebenen hydrologischen Prozesse der Interzeption, Evapotranspiration, des kapillaren Aufstiegs und Direktabflusses hinreichend zu berücksichtigen, um die räumlich variierenden Sickerwassermengen erfassen zu können.

Inwieweit bestehende Modelle zum Bodenwasserhaushalt, die in der Literatur dokumentiert sind, die ökologischen Verhältnisse und hydrologischen Prozesse berückichtigen und sich für die Berechung der Sickerwasserrate im gewählten Maßstab eignen, wird im Folgenden betrachtet.

Vergleich bestehender Sickerwassermodelle

Historische Entwicklung von Sickerwassermodellen

Besonders in den letzten 20 Jahren ist eine verstärkte Entwicklung in der Modellbildung zur Beschreibung des Bodenwasserhaushaltes und zur Berechnung der Sickerwasserrate festzustellen. Vor allem unter dem Aspekt der Grundwasserneubildung aus Niederschlag wurden in diesem Zeitraum zahlreiche Modelle vorgestellt. Ein großer Teil dieser Rechenmodelle beruht auf der allgemeinen Wasserhaushaltsbilanz, die die physikalischen Zusammenhänge des Wasserkreislaufes auf der Erde vereinfacht abbildet. Sie betrachten die ungesättigte Bodenzone häufig als einen Gesamtkomplex, der nicht weiter unterteilt wird und unterscheiden sich dabei in ihrer Komplexität, d.h. in der Berücksichtigung der hydrologischen Prozesse, in der Wahl der Eingangsparameter sowie nach ihrer zeitlichen und räumlichen Auflösung. Tabelle 1 gibt einen Überblick über die verschiedenen Verfahren.

Diese in der Literatur beschriebenen Modelle lassen sich grob nach einfachen – für kleinere Maßstäbe

konzipierten – Verfahren und komplexeren Ansätzen
unterteilen, die für kleine bis mittlere Einzugsgebiete
erarbeitet wurden. Zu den einfachen empirischen
Ansätze zählen die Modelle von Renger und Strebel
(1980), Dörhöfer und Josopait (1980), Bach (1987),
Schröder und Wyrwich (1990), Renger und Wessolek (1990), Meßer (1996), Klaassen und Scheele
(1996) bzw. Wessolek (1992). Sie leiten die Versickerung des Niederschlags meist anhand von einfachen korrelativen Beziehungen zwischen den einzelnen Komponenten des Wasserhaushaltes ab. Dabei
gehen langfristige Monats- oder Jahresmittelwerte in
die Berechnungen ein. Der Vorteil dieser Modelle ist
ihre gute Anwendbarkeit auch auf größere Gebiete,
da sich existierende, allgemein verfügbare Daten
(z.B. Jahresniederschlag, -temperatur und relative
Feuchte) im Modell anwenden lassen. Einschränkungen in ihrer Anwendbarkeit, wie z.B. nur für
ebene Standorte sowie eine geringe Unterscheidung
bei den Eingangsparametern (Vegetation, Landnutzung, Böden) erschweren allerdings die Übertragbarkeit auf andere Gebiete und führen nur zu einer
geringen räumlichen Differenzierung.

*Typisierung
von Sicker-
wasser-
modellen*

Komplexere Modelle weisen demgegenüber eine
zeitlich und räumlich genauere Auflösung auf, so
z.B. Sokollek (1983), Golf und Luckner (1991),
Lunkenheimer (1994), Disse (1997) und Grossmann
(1998). Sie unterscheiden die einzelnen Prozesse und
Komponenten des Wasserhaushaltes stärker und
berücksichtigen beispielsweise die Interzeptionsverluste, den Direktabfluss sowie den kapillaren
Aufstieg. Die berücksichtigten Prozessgrößen werden für das jeweilige Untersuchungsgebiet quantifiziert und über eine Bilanzgleichung in Beziehung

*Komplexe
Prozess-
modelle*

gesetzt. Dabei erfolgt eine stärkere Differenzierung der Eingangsparameter zur Charakterisierung des Bodens, der Vegetation und Landnutzung als bei den einfachen Verfahren. Der Ansatz komplexerer Wasserhaushaltsmodelle erlaubt daher eine räumlich differenziertere Abschätzung der Sickerwassermenge mit einer zeitlichen Auflösung von Einzeljahren.

Komplexität
versus
Datenlage

Die komplexeren Modelle sind jedoch weitgehend für kleine und mittlere Einzugsgebiete konzipiert und die Bilanzierung des Wasserhaushaltes wird in Tagesschritten durchgeführt. Berechnungen nach den genannten Verfahren benötigen dementsprechend eine genaue Datenauflösung, die Eigenerhebungen erfordern. Ausnahme bildet der Ansatz von Grossmann (1998), der eine Bilanzierung mit langjährigen Mittelwerten in Monatsschritten vornimmt. Hierdurch lässt sich das Verfahren auch in großen Einzugsgebieten rechnerisch realisieren und wird dabei, im Vergleich zu den einfacheren Ansätzen, der geoökologischen Differenzierung gerechter. Das Verfahren Grossmanns eignet sich aus diesem Grund für die Modellierung der Sickerwasserraten in einem Bundesland wie Hessen am besten und dient daher als Grundlage für die Berechnung der Sickerwasserrate für Hessen. Die Bilanzgleichung geht auf Thornswait und Matter (1955) zurück und wurde in den oben genannten Studien weiter entwickelt. Sie berücksichtigt die im gewählten Maßstab relevanten Einflussgrößen und Prozesse, darunter auch die Interzeption von Waldbeständen, den Direktabfluss und den kapillaren Aufstieg. Im Unterschied zu den anderen Verfahren wird zudem der Einfluss der Versieglung auf den Versickerungsprozess berücksichtigt (Grossmann 1996).

Tabelle 1.

Vergleich bestehender Bodenwasserhaushaltsmodelle hinsichtlich berücksichtigter Prozesse, Eingangsdaten, Maßstab, Zeitschritt

Autor	Methode	Berücksichtigte Prozesse						Eingangsdaten				Maßstab	Zeit	Bemerkung
		N	I	ETp	ETa	KA	Ad	Klima	Relief	Vegetations-bedeckung	Boden			
RENGER & STREBEL 1980	Multiple Regression zwischen N, ET, Wpfl[1]	x		x	x	x		jährlicher N u. ETp nach HAUDE	-	GL/AL[2], Nadel- und Laubwald	Feldkapazität, Grundwasserflurabstand	1:200.000 und kleiner	Jahr	gültig für ebene Standorte
DÖRHOFER & JOSOPAT 1980	Multiple Regression zw. ET a. Bodenart für Wald und AL/GL	x		x	x	x	x	jährlicher N u. ETp	Relief-energie	Wald, GL/AL	Korngröße, GW-flurabstand	1:200.000	Jahr	Differenz. von Nutzung u. Boden gering
BACH 1987 (n.KELLER & LIEBSCHER 1979)	Regressionsgleichung, Beziehungen zw. N u. A, Verdunstung als Differenz A – N	x			x		x	jährlicher N	-	-	-	1:200.000 und kleiner	Jahr	Boden-, Klima-, Nutzungsdaten zur Kontrolle
SCHRÖDER & WYRWICH 1990	Bilanzgleichung; Ad prozentual am N geschätzt	x			x		x	jährlicher N	Relief-energie	Wald, GL/AL, Bebauung	3 Bodengruppen	1:50.000	Jahr	ET als Funktion der Bodenart u. Nutzung
RENGER & WESSOLEK 1990	s. RENGER & STREBEL 1980	x		x	x	x		N halbjährlich, jährliche ETp nach HAUDE	-	GL/AL, Nadel- und Laubwald	Feldkapazität, Grundwasserflurabstand	Für all Maßstäbe	Jahr	gültig für ebene Standorte
SOKOLLEK 1983	Bilanzgleichung	x	x	x	x	x	x	Tagesmittel d. N u. ETp nach HAUDE,	Hang-neigung	GL/AL, Nadel- u. Laubwald	nutzb Feldkapazität, Wurzeltiefe, GW-flurabstand	Kleine Einzugs-gebiete bis 100 km²	Tag	prozent. Abschätzung des Ao am N
GOLF & LUCKNER 1991	Bilanzgleichung	x	x	x	x	x	x	Tagesmittel N, Temp., Global-str., Schnee, rel.Feuchte,	Hang-neigung, Hang-richtung	GL/AL, Nadel- u. Laubwald	nutzb Feldkapazität, GW-flurabstand	Kleine Einzugs-gebiete bis 150 km²	Tag	berücksichtigt Einfluss der Schneedecke
DISSE 1995	Bilanzgleichung	x	x	x	x	x	x	ETp PENMAN	-	Nadel-, Laubwald, Wiese, Ge-treide, Mais	nutzb.Feldkapazität, Wurzeltiefe, GW-flurabstand	Kleines Einzugs-gebiet	Tag	für ebene Standorte
KLAASSEN & SCHEELE 1996	Multiple Regressionen zwischen N, ET, Wpfl nach WESSOLEK 1992	x	x	x	x	x	x	N halbjährlich, jährliche ETp nach HAUDE	Hang-neigung, Exposi-tion	GL/AL, Nadel- und Laubwald	nutzbare Feldkapazität, Grundwasserstufe	k.A.	Jahr	Relieffaktor berücksichtigt Strahlungs-bilanz a. Hang, keinen Ad
GROSS-MANN 1998	Bilanzgleichung	x	x	x	x	x	x	jährliche N, jährliche ETp nach HAUDE	Relief-energie	GL/AL, Siedl. Nadel-, Laub-Mischwald	Bodengruppen nach Bodenart, GW-flurabstand	Einzugs-gebiet (600 km²)	Monat und Jahr	kulturspez. ETp; I nach ELLING et al.

[1]Pflanzenverfügbares Bodenwasser, [2]Grünland/Ackerland; weitere Erläuterungen der Kürzel s. Tab. 2

Bei der Umsetzung der Modellierung, insbesondere bei der Quantifizierung und Regionalisierung der Eingangsgrößen, werden in der vorliegenden Untersuchung z.T. andere Verfahren als von Grossmann (1998) verwendet. Hierzu wurden die verschiedenen empirische Methoden zur Quantifizierung der hydrologischen Prozesse miteinander verglichen und auf ihre Anwendbarkeit hin überprüft. In diesem Zusammenhang sind die Studien von Sponagel (1980), Brechtel und Scheele (1982), Brechtel und Lehnardt (1982), Sokollek (1983) Ernstberger (1987), Hoppmann (1988), Meuser (1989), Dommermuth und Trampf (1995) und DVWK (1996) zum Einfluss der Vegetation auf die Verdunstung zu nennen. Zum Wasserhaushalt von Waldstandorten wurden die Untersuchungen von Brechtel und Pavlov (1977), Benecke (1984), Klämt (1988), Schroeder (1989), Elling et al. (1990), Peck und Mayer (1996) und Balazs (1983 und 1991) miteinander verglichen. Schoss (1977), Pauluska (1985), Berlekamp (1987), Kowalewski et al. (1984) und Berlekamp und Pranzas (1992) beschäftigen sich mit dem Einfluss der Versiegelung auf die Infiltration. Untersuchungen zum Direktabfluss liegen von Dorhöfer und Josopait (1980), Wessolek (1992) und Schröder und Wyrwich (1990) vor.

Modellkonzeption

Die Grundlage der Berechnung durchschnittlicher Sickerwasserraten im Bundesland Hessen bildet die Bilanzierung des Wasserhaushalts der Bio- und Pedosphäre aus folgender Gleichung:

$$As = (N - I - ET_a - A_d - KA - \Delta BW) * (1 - V_e)$$

(Abkürzungen siehe Tabelle 2)

Die Gleichung entspricht weitgehend der Bilanzgleichung Grossmanns (1996, 204) und wird hier in veränderter Schreibweise abgebildet.

Tabelle 2.
Parameter und Abkürzungen für die Berechnung der Sickerwasserraten in Hessen

Kürzel	Einheit	Erläuterung
As	mm	unterirdischer Abfluss, d. h. Sickerwasserabfluss unterhalb des Wurzelraums in der ungesättigten Bodenzone
N	mm	Niederschlagshöhe
I	mm	Interzeptionsverdunstung, d. h. die Verdunstung aus Niederschlagswasser, das an der Pflanzenoberfläche zurückgehalten wurde und direkt in die Atmosphäre verdunstet
ETp	mm	Potentielle Evapotranspirationshöhe, abgeleitet aus klimatischen Faktoren wie Einstrahlung, Temperatur, Feuchte, Sättigungsdampfdruck
ET_a	mm	Tatsächliche (aktuelle) Evapotranspirationshöhe, ermittelt aus der potentiellen Evapotranspirationshöhe und dem aktuellen Bodenwassergehalt Bwa
A_d	mm	Direktabfluss, d.h. oberirdischer Abfluss und Zwischenabfluss
KA	mm	kapillarer Aufstieg, d.h. Bewegung von Wasser aus dem Grundwasserraum in den Sickerraum entgegen der Schwerkraft
ΔBW	mm	Änderung des Bodenwassergehaltes im Wurzelraum; definiert durch die Differenz aus BW_{max} und $BW_{(t)}$
$BW_{(t)}$	mm	Monatlicher Bodenwassergehalt, der sich aus dem maximalen Pflanzen verfügbaren Bodenwasservorrat (BW_{max}) über die Klimatische Wasserbilanz errechnet
V_e	%	Versiegelungsfaktor (effektive Versiegelung), Anteil der versiegelten Fläche

Der Sickerwasserabfluss berechnet sich demnach aus der Differenz des Niederschlags abzüglich Interzeption, aktueller Evapotranspiration und Direktabfluss. Für Grund- und Stauwasser beeinflusste Standorte wird dabei der zeitweilige kapillare Aufstieg aus dem Grundwasser berücksichtigt.

Zusätzlich werden mögliche Defizite im Bodenwasservorrat, die durch infiltrierenden Niederschlag
aufgefüllt werden, in die Bilanzgleichung einbezogen. Durch das Einbeziehen des versiegelten
Flächenanteils in die Ausgangsgleichung kann die
flächenspezifische Sickerwasserrate genauer bestimmt werden. Der berechnete Wert bezieht sich
dann auf die unversiegelte Fläche, während der versiegelten Fläche (prozentualer Flächenanteil), unter
Annahme einer weitgehend kanalisierten Entwässe-
rung des Gebietes, der von Berlekamp und Pranzas
(1992) ermittelte Wert von durchschnittlich 10 %
des Gebietsniederschlages zugeordnet wird
(Grossmann 1998, 17).

Zeitliche
Auflösung
des Modells

Die Bilanzierung erfolgt in monatlichen Zeitab-
schnitten für ein durchschnittliches hydrologisches
Jahr. Rechnungsbeginn ist im April unter der
Annahme, dass der Bodenwasserspeicher gefüllt ist
und der aktuelle Bodenwassergehalt dem maximalen
entspricht, d.h. der nutzbaren Feldkapazität im Wurzelraum (Renger et al. 1974). Die klimatische Wasserbilanz wird für jeden Monat für die verschiedenen
Boden- und Vegetations- bzw. Nutzungstypen berechnet. Die Bilanz der Monatswerte ergibt anschließend die durchschnittliche jährliche Sickerwasserrate. Bei gefülltem Speicher ist die Verdunstungsmenge der potentiell möglichen gleichzusetzen.
Ist nach längerer Trockenheit hingegen der Speicher

Evapotranspi-
ration

bereits entleert, reduziert sich die Verdunstungsmen-
ge entsprechend (Renger et al. 1974). Erst wenn der
Bodenspeicher wieder aufgefüllt ist, kann es nach
Niederschlägen zu einer Absickerung in die untere
Bodenzone (Sickerraum) kommen. Dabei ist an
Stau- oder Grundwasser beeinflussten Standorten die
Möglichkeit des kapillaren Aufstiegs von Boden-
wasser in der Vegetationszeit zu berücksichtigen.

Beschreibung der gewählten Modellparameter

Zur Quantifizierung der gewählten Modellparameter im Untersuchungsraum werden Kenngrößen des Wasserhaushaltes aus vorhandenen Klima-, Relief- und Bodendaten sowie Daten zur Vegetations- und Oberflächenbedeckung abgeleitet.

Niederschlag
Der Niederschlag als wesentliche Input-Größe geht auf der Basis langjährig gemessener Monatssummen in die Berechnungen ein. Die punktuellen Messungen werden über Interpolation in die Fläche übertragen. Die mit festgelegten Standards gemessenen Werte weisen systematische Fehler auf und liegen im Schnitt 10 % unter den tatsächlichen Niederschlagssummen (Richter 1995). Eine Korrektur des Fehlers wird bei der Berechnung der Sickerwasserraten aufgrund fehlender Informationen über die Klimastationen nicht vorgenommen. Allerdings wurden die angewandten Verfahren zur Verdunstungsberechnung (Haude-Faktoren, Interzeption) ebenfalls auf der Basis unkorrigierter Niederschlagswerte entwickelt (Grossmann 1998, 17).

Modell-parameter Niederschlag

Interzeption unter Wald
Die Interzeptionsverdunstung, d. h. die Verdunstung aus Niederschlagswasser, das an der Pflanzenoberfläche zurückgehalten wurde und direkt in die Atmosphäre verdunstet, reduziert den Wasserinput aus dem Niederschlag noch vor dem Eintreten in die Pedosphäre. Sie ist ganzjährig vor allem bei Waldbeständen wegen der großen benetzbaren Oberfläche (Laubwald) sowie der längeren Vegetationszeit (Nadelwald) von Bedeutung. Bei Ackerkulturen, Grün-

Interzeptions-verdunstung

und Buschland ist der Wasserverlust durch die Interzeptionsverdunstung geringer, wenn auch nicht unerheblich (Wohlrab 1992, 62).

Bei der Ermittlung pflanzenspezifischer Haude-Faktoren wurde die Interzeptionsverdunstung nicht gesondert ermittelt und ist bereits in den Koeffizienten berücksichtigt. Bei Waldbeständen müssen bei der Anwendung der Haude-Formel hingegen die Interzeptionsraten zusätzlich berücksichtigt werden (Sokollek 1983, 154).

Interzeptions-
verluste
unter Wald

Die Interzeptionsverluste unter Waldbeständen werden daher auf der Grundlage empirischer Untersuchungen von Balazs (1983) prozentual am Niederschlag abgeschätzt. Balazs (1983) führte langjährige Messungen zum Bestandsniederschlag unter verschiedenen Waldbeständen in mehreren Versuchsgebieten in Hessen durch. Daraus abgeleitete Regressionsbeziehungen zum Freilandniederschlag werden auf das Untersuchungsgebiet übertragen. Dabei erfolgt eine Differenzierung der Waldbestände nach Nadel- und Laubwald in je drei bzw. zwei Altersklassen und eine Unterteilung des Raumes in drei Höhenregionen. Differenziert nach Vegetations- und Nichtvegetationszeit werden die monatlichen Interzeptionsraten für die Waldklassen je nach Höhenregion als Funktion des monatlichen Freilandniederschlags abgeschätzt.

Die hiernach berechneten Werte zeigen eine gute Übereinstimmung mit den Messungen weiterer Studien im Untersuchungsraum (Balasz 1991, Meuser 1989). Im Vergleich dazu eignet sich das von Elling et al. (1990) entwickelte Verfahren weniger für die Berechnung der Sickerwasserrate auf der Grundlage langjähriger Monatsmittelwerte, da die empirische Berechnungsformel die Abhängigkeit der Interzeption von der Höhe der Tagesniederschläge beschreibt. Diese werden bei der Verwendung von langjährigen Monatsmittel stark geglättet.

Potentielle Evapotranspiration

Eine Abschätzung der durchschnittlichen monatlichen Evapotranspirationsraten erfolgt nach dem Verfahren von Haude (1955). Der Vorteil dieser Methode liegt in der Verfügbarkeit der Eingangsparameter (Temperatur, relative Feuchte) und in der Möglichkeit, pflanzenspezifische Korrekturfaktoren in die Gleichung einzubeziehen. Für die Berechnung langjähriger Mittelwerte liefert das Haude-Verfahren außerdem hinreichend genaue Werte (DVWK 1996, 50). Bei den pflanzenspezifischen Korrekturfaktoren handelt es sich um jahreszeitlich variierende Faktoren, die über die Differenz zwischen potentieller und gemessener Evapotranspiration an bewachsenen Standorten von unterschiedlichen Autoren empirisch ermittelt wurden. Haude selbst leitet diese Korrekturfaktoren von einjährigen Messungen mit Kleinlysimetern in Hannover-Langenhagen ab (Haude 1955). Sie gelten ursprünglich für unbewachsenen Boden bei konstantem Grundwasserstand von 40 cm unter Flur (Haude 1954, 8). Zahlreiche weitere Untersuchungen wurden seitdem mit Lysimeter- oder Bodenfeuchtemessungen an bewachsenen Standorten durchgeführt, so dass eine Vielzahl an pflanzenspezifischen Korrekturfaktoren in der Literatur existiert (Dommermuth und Trampf 1995, Heger 1978, Heger und Buchwald 1980, Sponagel 1980, Sokollek 1983, Ernstberger 1987, Hoppmann 1988, Meuser 1989). Die ermittelten Koeffizienten spiegeln in erster Linie die phänologische Entwicklung der jeweiligen Vegetation wider. Mit zunehmender Belaubung erhöht sich die Evapotranspiration und damit der Korrekturfaktor (Tabelle 3).

Abschätzung der potentiellen Evapotranspiration nach HAUDE

Tabelle 3.

Monatliche Pflanzenfaktoren (f-Werte) zur Berechnung der Verdunstung nach Haude (1955) [mm/hPa]

Vegetation und Landnutzung	Jan f 1	Feb f2	Mrz f3	Apr f 4	Mai f 5	Jun f 6	Jul f 7	Aug f 8	Sep f 9	Okt f 10	Nov f 11	Dez f 12
Immerfeuchte Flächen (Haude 1955)	0,20	0,20	0,20	0,29	0,29	0,28	0,26	0,25	0,23	0,20	0,20	0,20
Unbewachsene Flächen (Haude 1955), reduziert	0,14	0,14	0,14	0,15	0,16	0,18	0,19	0,18	0,16	0,14	0,14	0,14
Grünland (Wiesen und Weiden) (Sokollek 1983)	0,19	0,19	0,23	0,26	0,29	0,31	0,31	0,30	0,24	0,20	0,19	0,19
Weizen (Dommermuth und Trampf 1990)	0,18	0,18	0,19	0,28	0,35	0,38	0,36	0,22	0,21	0,20	0,18	0,18
Roggen (Dommermuth und Trampf 1990)	0,18	0,18	0,19	0,26	0,34	0,38	0,34	0,22	0,21	0,20	0,18	0,18
Gerste[1] (Dommermuth und Trampf 1990)	0,16	0,16	0,19	0,30	0,38	0,40	0,35	0,15	0,15	0,16	0,16	0,16
Hafer (Dommermuth und Trampf 1990)	0,11	0,11	0,11	0,11	0,26	0,41	0,41	0,24	0,15	0,11	0,11	0,11
Mais (Dommermuth und Trampf 1990)	0,14	0,14	0,14	0,14	0,18	0,26	0,26	0,25	0,24	0,21	0,14	0,14
Hackfrucht[2] (Dommermuth und Trampf 1990)	0,14	0,14	0,14	0,15	0,23	0,30	0,37	0,32	0,24	0,15	0,14	0,14
Gemüse[3] (Dommermuth und Trampf 1990)	0,14	0,14	0,14	0,15	0,24	0,30	0,38	0,32	0,24	0,14	0,14	0,14
Weinbauflächen (Hopp-mann 1988)[4]	0,14	0,14	0,14	0,15	0,16	0,18	0,21	0,21	0,20	0,18	0,14	0,14
Wiesen mit Baumbestand[5]	0,20	0,20	0,20	0,27	0,29	0,28	0,27	0,25	0,23	0,21	0,20	0,20
Buschbrache (Ernstberger 1987)	0,08	0,08	0,08	0,17	0,23	0,34	0,29	0,26	0,21	0,15	0,08	0,08
Laubwald (Buche) (Sokollek 1983)	0,08	0,08	0,08	0,11	0,18	0,24	0,38	0,38	0,26	0,23	0,08	0,08
Nadelwald jung (Fichte) (Sokollek 1983)[6]	0,16	0,16	0,19	0,21	0,28	0,31	0,32	0,31	0,28	0,24	0,16	0,16
Nadelwald mittelalt bis alt (Fichte) (Sokollek 1983)	0,08	0,08	0,15	0,19	0,26	0,26	0,30	0,26	0,19	0,08	0,08	0,08

[1] gemittelt aus Sommer- und Wintergerste
[2] gemittelte Faktoren aus Zuckerrübe und Kartoffel
[3] gemittelte Faktoren aus Früh- und Spätkartoffel
[4] auf Monate umgerechnet
[5] gemittelt unter Annahme 90 % Gras, 10 % Baumbestand
[6] Werte für Juli bis Oktober wurden reduziert

Beim Vergleich der empirisch ermittelten Faktoren untereinander ist die jeweils angegebene Maßeinheit zu beachten. Sie wird häufig in der Einheit mm/mmHg angeben und ist gegebenenfalls in mm/hPa umzurechnen, um sie in der Haude-Formel (DIN 19 685) berücksichtigen zu können. In Tabelle 3 werden die in dieser Arbeit verwendeten Haude-Faktoren aufgelistet. Die in die Haude-Formel eingehenden Klimadaten werden als Monatsmittel in die Fläche übertragen und die potentielle Evapotranspiration daran flächenbezogen berechnet.

Bodenwasserspeicher im durchwurzelten Raum
Die Ableitung des maximalen Bodenwasservorrats im durchwurzelten Raum erfolgt in Anlehnung an AG Boden (1994, 302) über die nutzbare Feldkapazität. Der aktuelle Bodenwasservorrat wird im Modell dann über die klimatische Wasserbilanz monatlich berechnet. Ist die Bilanz negativ, d.h. sind die Verluste der Verdunstung und/oder des oberirdischen Abflusses größer als die fallenden Niederschläge, verringert sich der Wassergehalt im Boden entsprechend. Ist die Bilanz positiv, so wird der Wasservorrat bis maximal zur nutzbaren Feldkapazität aufgefüllt.

Ermittlung des Bodenwasserspeichers

Kapillarer Aufstieg
Für stau- und grundwasserbeeinflusste Standorte im Untersuchungsgebiet wird die kapillare Aufstiegsrate nach der Methode der AG Boden (1994) berücksichtigt. Die von der möglichen Aufstiegshöhe und den bodenphysikalischen Parametern abgeleiteten Aufstiegsraten werden je nach Vegetation mit der durchschnittlichen Dauer der Vegetationszeit multipliziert und auf die einzelnen Monate umgerechnet. Hierbei wird berücksichtigt, dass zu Beginn der Vegetationsperiode der Grundwasserstand höher

liegt, als zum Ende der Vegetationsperiode (Sponagel et al. 1983). Insgesamt kann der kapillare Aufstieg den Betrag der negativen klimatischen Wasserbilanz (N – ET) nicht übersteigen und ist daher auf diesen zu begrenzen.

Direktabfluss

Zur Bestimmung des Oberflächenabflusses existieren nur wenige Ansätze, die es erlauben den Direktabfluss anhand verfügbarer Kennwerte standortdifferenziert abzuleiten. Das Verfahren von Dörhöfer und Josopait (1980) ist für diese Fragestellung besomnders geeignet, da es Reliefenergiestufen bis 160 km/km² und mehr berücksichtigt und sich dadurch, im Gegensatz zur Methode von Schröder und Wyrwich (1990)[2], auch für steilere Mittelgebirgslagen eignet. Demnach wird der jährliche Direktabfluss über die Bodeneigenschaften sowie die Hangneigung abgeschätzt. Ehlhaus (1993) greift den Ansatz von Dörhöfer und Josopait auf und entwickelt ihn für die Anwendung auf Tagesbilanzen weiter (vgl. Hennings 1996). Dieser Idee folgend werden die Jahreswerte des Direktabflusses unter Berücksichtigung des Jahresgangs des Niederschlags auf die einzelnen Monate umgerechnet. Der Einfluss der Vegetation wird dabei indirekt über die jährlichen Evapotranspirationsraten berücksichtigt.

Datengrundlage und notwendige Aufbereitungsschritte

Datenauf-
bereitung

Bei der Datengrundlage der Sickerwasserberechnungen handelt es sich um Daten, die die Standorteigenschaften charakterisieren. Sie werden z.T. zu Flächendaten aufbereitet, um die oben genannten

Prozessgrößen abzuleiten. Die Verwaltung und Verknüpfung der Flächendaten erfolgt in einem Geographischen Informationssystem (ArcInfo).

Klimadaten

Für den Niederschlag liegen mittlere Monatssummen der Zeitreihe 1961-90 des Deutschen Wetterdienstes vor. Da nur eine sehr geringe Anzahl ergänzender Klimadaten anderer Institute für den gleichen Zeitraum in Hessen existiert, werden bereits aufbereitete Flächendaten des Deutschen Wetterdienst verwendet. Die Rasterdaten haben eine horizontale Auflösung von 1 km² und wurden nach dem von Müller-Westermeier (1995) beschriebenem Verfahren der multiplen Regression interpoliert.

Klimadaten für Hessen

Für die Berechnung der potentiellen Evapotranspiration nach Haude existieren punktuelle Messungen des Deutschen Wetterdienstes für die Jahresreihe 1961-90 zur Lufttemperatur sowie zur relativen Luftfeuchte um 14 Uhr für 82 Klimastationen in und um Hessen. Diese wurden nach dem Verfahren der multiplen Regression für Hessen regionalisiert, wobei der Einfluss von Lage- und Reliefparametern berücksichtigt wurde.

Relief

Zur Charakterisierung des Reliefs dient ein digitales Höhenmodell von Hessen, das in einer horizontalen Auflösung von 100 x 100 m vom Hessischen Landesvermessungsamt erworben wurde. Für die Ableitung von Reliefparameter (z.B. Hangneigung, Exposition, Tiefenlinien) aus dem Höhenmodell werden die Analysefunktionen des Grid-Moduls in ArcInfo angewandt. Die Höheninformationen sowie abgeleitete Parameter werden bei der Interpolation der Klimadaten berücksichtigt. Die Höheninformation fließt zudem bei der Abschätzung der

Anwendung eines DGM für Hessen

Interzeptionsraten unter Wald, die Hangneigung bei
der Ableitung des Direktabflusses ein.

Vegetation und Landnutzung

Eine Klassifizierung der Landnutzung bzw. Oberflächenbedeckung wurde anhand von Satellitenauf-
nahmen (LANDSAT-TM, Auflösung 30 x 30 m)
vorgenommen. Mit der Methode der hierarchischen
Klassifikation wurde das Satellitenbild in einzelne
thematische Bereiche (Wasser, Wald, Nicht-Wald
etc.) unterteilt und unter Einbindung von Zusatzin-
formationen (Corine Landcover, Bodendaten, Digitales Höhenmodell etc.) separat weiter differenziert.
Für eine bessere Differenzierung der Waldgebiete
standen digitalisierte Luftbilder aus dem selben Auf-
nahmezeitraum zur Verfügung. Deren Auswertung
ermöglichte eine grobe Unterteilung der Waldflächen (Trainingsgebiete) nach Altersklassen (jung,
mittelalt und alt) ohne genaue Altersangaben.

Den einzelnen Klassen werden der Literatur ent-
nommene monatlich variierende Korrekturfaktoren
zugeordnet (s. Tabelle 3), die in die Berechnung der
potentiellen Evapotranspiration einfließen. Bei der
Zuordnung der Koeffizienten zu den für Hessen
ermittelten Landnutzungs- und Oberflächenbede-
ckungsklassen wurde folgendermaßen verfahren:

* Für *immerfeuchte Standorte* (Sümpfe, Moore)
  werden aufgrund der Annahme konstanter
  Feuchtigkeitsverhältnisse die Originalfaktoren
  nach Haude (1955) verwendet.

* Bei *Flächen ohne niedrigen konstanten Grund-
  wasserabstand* werden die Originalfaktoren
  nach unten korrigiert. Dazu werden sie um den
  Betrag verringert, um den die Werte von
  Dommermuth und Trampf (1995) für unbe-
  deckten Acker im Winter niedriger sind als die

Haude-Werte. So bleibt die Tageslänge (Einstrahlung) berücksichtigt und die von Dommermuth und Trampf (1995) nur für die Wintermonate ermittelten Werte werden auf die anderen Monate extrapoliert.

- Für die *Grünlandflächen* werden die Korrekturfaktoren Sokolleks (1983) gegenüber denen anderer Autoren bevorzugt, da sich diese aus den Werten für verschiedene Nutzungen (Grasbrache, Wiese und Mähweide) zusammensetzten, die im einzelnen nicht im Satellitenbild differenziert werden können.

- Beim *Ackerland* ist die jährlich wechselnde Nutzung bei einer mittelfristigen Betrachtung der Verdunstung zu berücksichtigen. Für Ackerland werden daher auf der Grundlage der Hessischen Gemeindestatistik (Hessisches Statistisches Landesamt 1995-99) die Anbaukulturen flächengewichtet ermittelt. Für die in der Statistik aufgeführten Getreidesorten wie Weizen, Roggen, Gerste, Hafer und Mais existieren pflanzenspezifische Haude-Faktoren. Sie werden anteilsgewichtet gemittelt, so dass für jede Gemeinde ein nach Anbau gewichteter *Getreidefaktor* vorliegt. Die anderen Anbaukategorien (Hackfrüchte, Handelsgewächse, Futterpflanzen und Gemüse) werden in den Gemeindestatistiken nicht weiter unterteilt. Daher werden die Faktoren der *Hackfrüchte* (Kartoffeln, Zuckerrübe) einfach gemittelt. Für die in der Kategorie *Gemüse*, *Handelsgewächse* und *Futterpflanzen* aufgeführten Pflanzen liegen keine empirischen Untersuchungen zur Verdunstung vor. Aus diesem Grund werden für *Gemüse* gemittelte Haude-Faktoren aus Früh- und Spätkartoffeln eingesetzt, da diese Pflanzen den Gemüsesorten vom Bedeckungsgrad und der Phänologie wohl am ähnlichsten sind.

Grünland

Weitere Differenzierung des Ackerlandes

Gemüseanbau

- Für die Kategorien *Handelsgewächse* und *Futterpflanzen* werden die Faktoren für Grasbrache (nach Sokollek 1983) eingesetzt, wobei die Werte der Nicht-Vegetationzeit herabgesetzt werden, da in dieser Zeit die Bodenbedeckung gering ist.

Weinbau

- Zu *Weinbauflächen* liegen Korrekturfaktoren von Hoppmann (1988) vor. Sie wurden für einzelne Entwicklungsphasen des Weines ermittelt und werden auf der Grundlage phänologischer Statistiken auf die einzelnen Monate umgerechnet. Für die Nicht-Vegetationszeit werden Werte für unbedecktes Ackerland von Dommermuth und Trampf (1995) eingesetzt.

Mischnutzung

- Für Flächen mit gemischten Vegetationstypen wie *Obstwiesen* oder *Wald-Strauch-Übergangsvegetation* werden die Koeffizienten zu Gras, Strauch (Buschbrache) und Wald anteilsgewichtet gemittelt.

Waldflächen

- Bei den *Waldflächen* werden Korrekturfaktoren von Sokollek (1983) verwendet. Sie unterscheiden sich nicht wesentlich von denen der anderen Autoren. Sokollek untersuchte jedoch mehrere Flächen unterschiedlichen Alters, deren Korrekturfaktoren für diese Arbeit gemittelt werden. Die Koeffizienten fallen im Vergleich zu den anderen Vegetations- bzw. Nutzungstypen relativ gering aus. Dies liegt daran, dass bei Waldflächen sowie bei Buschbrache die Interzeptionsverdunstung in diesen Korrekturfaktoren nicht berücksichtigt ist und gesondert bestimmt werden muss.

Die aus den Fernerkundungsdaten extrahierten Waldklassen bilden die Grundlage zur Berechnung der Interzeptionsraten unter Wald.

Böden

Zur Charakterisierung der Böden Hessens stellte das Hessische Landesamtes für Umwelt und Geologie (HLUG) digitale Bodendaten der neuen Bodenkarte 1:50.000 (BK50) zur Verfügung. Neben physikalischen und chemischen Eigenschaften der aufgenommenen Bodenformen enthält die BK50 Informationen zur nutzbaren Feldkapazität im durchwurzelbaren Bodenraum. Sie wurden in Anlehnung an die AG Boden (1994) aus den Kennwerten bodenphysikalischer Parameter abgeleitet und gehen als Maß für die maximale Bodenspeicherkapazität in die Modellberechnungen ein. Dabei wurde nicht der sonst übliche Parameter der effektiven Wurzeltiefe[3] verwendet, da sich dieser einmal erhobene Wert auf homogene Substrate unter landwirtschaftlichen Kulturen bezieht. Die standortdifferenzierte Aufnahme der Wurzeltiefen wurde anhand der chemisch, physiologisch oder mechanisch begrenzten Durchwurzelungstiefe abgeleitet, die für weitgehend alle Pflanzen die Durchwurzelung beschränkt (Vorderbrügge 1997, 157ff.).

Ableitung wichtiger Bodenparameter

Für die Berechnung des kapillaren Aufstiegs, der in der vorgestellten Untersuchung ebenfalls nach den Methoden der AG Boden (1994) ermittelt wird, gehen neben der Oberflächenbedeckung Informationen zum Grund- und Stauwassereinfluss, Wurzelraum, Korngröße, Lagerungsdichte etc. aus der digitalen Bodenkarte BK50 ein.

Berechnung der Versickerung

Die abgeleiteten und regionalisierten Kenngrößen des Wasserhaushaltes, die überwiegend in einem Rasterformat vorliegen, werden in ein einheitliches Koordinatensystem gleichen Ausschnitts mit einer Rasterauflösung von 100 x 100 m übertragen. Die Berechnung der Sickerwasserrate erfolgt Raster bezogen, Pixel für Pixel im Grid-Modul des Programms ArcInfo 7.1. Die kleinste Standorteinheit weist somit eine Größe von 100 x 100 m auf.

Unter der Annahme eines maximal gefüllten Bodenspeichers werden die Berechnungen der Sickerwasserrate im Monat April begonnen und die monatliche klimatische Wasserbilanz ($KWB_{(t)}$) sowie der aktuelle Bodenwassergehalt ($BW_{(t)}$) in Monatsschritten t wie folgt berechnet:

$$KWB_{(t)} = BW_{(t-1)} + N_{(t)} - I_{(t)} - ETa_{(t)} - Ad_{(t)} + KA \text{ [mm]}$$

Berechnungs-
schritte

1. Wenn $KWB_{(t)} = 0$
                  dann gilt $ETa_{(t)} = ETp_{(t)}$ und $As_{(t)} = 0$;

der Bodenwassergehalt ändert sich nicht. $BW_{(t)} = BW_{(t-1)}$

2. Wenn $KWB_{(t)} > 0$
                  dann gilt $ETa_{(t)} = ETp_{(t)}$
                  $As_{(t)} = KWB_{(t)} - (BW_{max} - BW_{(t-1)})$
                  $BW_{(t)} = KWB_{(t)} <= BW_{max}$

(Zur Erläuterung der Kürzel s. Tabelle 2)

Der Anteil des Niederschlags, der nicht verdunstet oder oberirdisch abfließt erhöht den Bodenwassergehalt bis maximal zur Feldkapazität. Wird diese überschritten, so tritt Absickerung aus dem Wurzelraum auf.

3. Wenn $\quad$ $KWB_{(t)} < 0$ und $BW_{(t-1)} > (0,7 \cdot BW_{max})$

$\qquad$ dann gilt $ETa_{(t)} = ETp_{(t)}$ und $As_{(t)} = 0$;

$\qquad$ $BW_{(t)} = KWB_{(t)}$

Die Verdunstung wird teilweise oder vollständig aus dem Bodenwasser bestritten, so dass der Bodenwassergehalt abnimmt.

4. Wenn $\quad$ $KWB_{(t)} < 0$ und $BW_{(t-1)} < (0,7 \cdot BW_{max})$

$\qquad$ ann gilt $ETa_{(t)} < ETp_{(t)}$ und $As_{(t)} = 0$;

$\qquad$ $BW_{(t)} = KWB_{(t)}$

Die tatsächliche Evapotranspiration kann nicht mehr dem Verdunstungsanspruch der Luft entsprechen und die Pflanzen schränken aufgrund des Wassermangels die Transpiration ein. Es erfolgt eine Abnahme der Bodenfeuchte und eine Reduktion der Verdunstung auf Grundlage der Reduktionsformel von Renger et al. (1974).

Die Versickerung an der Untergrenze des Wurzelraums tritt dann ein, wenn die klimatische Wasserbilanz größer ist als der maximale Bodenwasservorrat (BW_{max}). Ist sie hingegen kleiner, so kommt es nur bei ausreichender Bodenfeuchte oder erst nach Auffüllen des Bodenspeichers zur Absickerung.

Für die Monate Mai bis September wird für Grund- und Stauwasser beeinflusste Standorte der kapillare Aufstieg berücksichtigt, sofern eine ausreichende Saugspannung anzunehmen ist. Dieser Fall tritt ein, wenn der Wassergehalt im Bodenspeicher unter 50 % sinkt (AG Boden 1994).

Für Siedlungsflächen wird bei der Berechnung der Sickerwasserrate in Anlehnung an Berlekamp und Panzas (1992) eine versiegelungsbedingte Infiltration von 10 % des Niederschlags angenommen. Dieser empirisch ermittelte Wert berücksichtigt, dass ein Teil des Niederschlags aufgrund poröser und nicht kanalisierter Flächen versickert. Er ist jedoch nicht auf die gesamte Siedlungsfläche anzusetzen, sondern der effektive Versiegelungsanteil ist hierbei zu berücksichtigen, d.h. Siedlungsfläche abzüglich unversiegelter Flächen. Die Sickerwasserrate für Siedlungsflächen berechnet sich also folgendermaßen:

$$As = As * (1 - V_e) + V_e * N * 10\ \%$$

(nach Grossmann 1998, modifiziert)

Dieser effektive Versiegelungsanteil wird für das Untersuchungsgebiet in Anlehnung an Meßer (1996) und Schoss (1977) pauschal abgeschätzt. Städtischen Siedlungen (incl. Industrie und Gewerbeflächen) wird ein Versiegelungsgrad (Ve) von 85%, ländlichen Siedlungen von 60 % zugeordnet.

Abbildung 2

Das folgende Flussdiagramm (Abbildung 2) soll abschließend einen Überblick über die gewählten Modellparameter sowie über Eingangsdaten und Aufbereitungsschritte geben, die bei der Berechnung von standortdifferenzierten Sickerwasserraten für relativ große Untersuchungsgebiete einfließen.

Ergebnisse und Evaluierung der Berechnungen

Die Berechnungen der jährlichen Sickerwasserraten nach dem beschriebenen Verfahren zeigen erwartungsgemäß eine große Spannbreite der Werte. Sie werden in Abbildung 3 in ihrer räumlichen Verbreitung in Hessen dargestellt. Die Versickerung

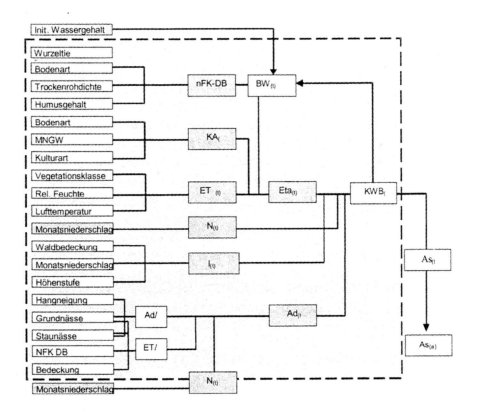

Abbildung 2.

Flussdiagramm zur Ableitung von Kennwerten des Bodenwasserhaushaltes

unterhalb der Wurzelzone liegt hier zwischen 0 und über 500 mm/a. Dabei treten die höchsten Sickerwasserraten in den Regionen mit dem höchsten Niederschlag auf. Dies sind die Höhenlagen des Westerwaldes, des Vogelsberges und der Rhön, mit jährlichen Niederschlagshöhen von z.T. mehr als 1300 mm/a. Davon versickern in der Jahresbilanz bis zu 968 mm/a (70-80 %) aus dem Wurzelraum.

regionale Differenzierung der Sickerwasserraten

Die niedrigsten Sickerwasserraten zeigen sich in Regionen mit geringen Niederschlägen und hohen Verdunstungsraten. In Hessen sind dies die Niederungen und Beckenlagen (z.B. Rhein-Main-Gebiet, Hessische Senke). Dabei differenzieren Vegetation und Bodenart die Höhe der Versickerung. Die geringsten Sickerwasserraten zeigen sich häufig unter Wald, wo hohe Interzeptionsraten den Verdunstungsverlust erhöhen. Bei sehr hohen Speicherkapazitäten sind solch geringen Sickerwassermengen auch unter Wiese und Ackerland in den niederschlagsarmen Regionen festzustellen. Bei einigen trockenen Standorten ist die Jahresbilanz der Sickerwasserrate sogar gleich Null. Das bedeutet, es findet zwar Versickerung statt, sie reicht in der Jahresbilanz jedoch gerade aus, um den in den Sommermonaten entleerten Bodenspeicher wieder aufzufüllen.

landnutzngs-bedingte Differenzierung

Generell ist bei gleichen Niederschlagsverhältnissen unter Grünland eine höhere Sickerwassermenge als unter Waldbedeckung, aber eine noch geringere als bei Ackerlandnutzung, festzustellen. Die Sickerwasserrate steigt also mit abnehmendem Bedeckungsgrad. Innerhalb einer Nutzungs- bzw. Bedeckungsart differenziert die gegebene Bodenwasserspeicherkapazität die Höhe der Versickerung aus dem Wurzelraum. Zudem verändert das Relief die Klima- und Abflussverhältnisse und damit die Versickerungsmengen. Dies zeigt sich am besten innerhalb größerer homogener Nutzungsflächen (z.B. größere Waldflächen) in Hanglagen.

Die vielfältigen unterschiedlichen Standortbedingungen in Hessen führen insgesamt zu einem stark differenzierten Bild, das auf den ersten Blick den Einfluss des Niederschlags auf die Versickerung erkennen lässt.

Innerhalb gleicher Niederschlagsregionen zeichnet sich jedoch der Einfluss von Vegetation und Landnutzung, Relief und Boden auf die Höhe der Sickerwassermengen ab.

Die standortdifferenzierte Berechnung der Sickerwasserraten für Hessen liefert somit für den gewählten Maßstab ein recht gutes, d.h. ein räumlich differenziertes Bild der lokal verfügbaren Sickerwassermengen. Dieses wird zur Zeit auf Plausibilität hin überprüft. Dazu liegen Auswertungen landesweiter Lysimeter-Messungen an unterschiedlichen Standorten in Hessen (HLfU 1992) für einen stichprobenartigen Vergleich vor. Sie werden durch kleinräumige Studien in Hessen und lokale Modellberechnungen (im Hessischen Ried) sowie Auswertungen von Pegel-Abflussmessungen des HLUG ergänzt.

Plausibilitäts-analyse in einer klein-räumigen Studie

Erste Vergleiche mit kleinräumigen Studien aus Hessen zeigen, dass die Berechnungen standortdifferenzierter Sickerwassermengen auf der Grundlage des gewählten Bilanzmodells insgesamt zu plausiblen Werten führen. Dabei werden die räumlichen ökologischen Unterschiede, die den Verlauf und auch die Quantität der Versickerung an der Untergrenze des Wurzelraums bestimmen, im gewählten Maßstab hinreichend abgebildet.

Das Bilanzmodell nach Grossmann (1996) eignet sich somit für eine Abschätzung der Sickerwasserraten in einem kleinen Maßstab. Das Problem bei der Anwendung des Modells liegt in der Beschaffung einheitlicher Datengrundlagen, die eine ausreichende Differenzierung der Modellparameter erlauben.

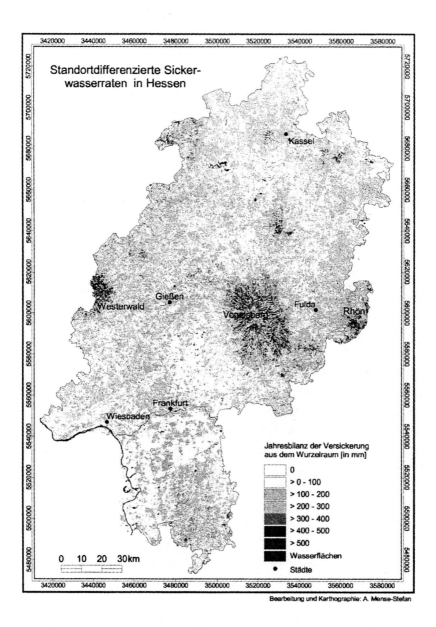

Abbildung 3.

Räumliche Verteilung der jährlichen Sickerwasserraten in Hessen

Bei der Übertragung des Modells auf andere Räume (Bundesländer) sind daher die Ableitungsmethoden auf die bestehenden Datengrundlagen und standörtlichen Bedingungen anzupassen. Dies betrifft vor allem die gegebene Landnutzung und Oberflächenbedeckung, die Boden- und Reliefverhältnisse. Hier wären einheitliche Datengrundlagen und Erfassungsstandards wünschenswert, um in Zukunft auch Modellierungen in kleinen Maßstäben vornehmen zu können, die über Landesgrenzen hinausgehen.

Anmerkungen

Anmerkung 1
Die folgenden Ausführungen sind Teil des Dissertationsprojektes „Abschätzung standortdifferenzierter Sickerwasserraten in Hessen – Ein Beitrag zur Ermittlung von Stofffrachten aus dem Boden", das an der Johannes Gutenberg-Universität läuft und voraussichtlich Anfang 2003 veröffentlicht sein wird. Es wurde im Rahmen des Graduiertenkollegs „Kreisläufe, Austauschprozesse und Wirkungen von Stoffen in der Umwelt" durch die DFG sowie vom Umweltzentrum der Johannes Gutenberg-Universität Mainz (beantragt durch Prof. Dr. J. Preuß) gefördert.

Anmerkung 2
Diese Methode ist auf Reliefenergiestufen bis 40 km/km² begrenzt.

Anmerkung 3
Es handelt sich um die potentielle Ausschöpftiefe von pflanzenverfügbarem Bodenwasser, das durch die Wurzeln einjähriger landwirtschaftlicher Nutzpflanzen in Trockenjahren dem Boden maximal entzogen werden kann (AG Boden 1994: 313).

Literatur

AG Boden (1994) Bodenkundliche Kartieranleitung. Stuttgart. 4. Aufl.

Bach M (1987) Die potentielle Nitratbelastung des Sickerwassers durch die Landwirtschaft in der Bundesrepublik Deutschland. Göttinger Bodenkundl. Berichte 93

Balázs A (1991) Niederschlagsdeposition in Waldgebieten des Landes Hessen: Ergebnisse von den Mess-Stationen der "Waldökosystemstudie Hessen". Forschungsbericht der Hessische Forstlichen Versuchsanstalt. Hann. Münden

Benecke P (1984) Der Wasserumsatz eines Buchen- und eines Fichtenwaldökosystems im Hochsolling. Schr. a. d. Forstl. Fak. d. Univ. Göttingen 77. Göttingen

Berlekamp L-R (1987) Bodenversiegelung als Faktor der Grundwasserneubildung.. Landschaft, Stadt 7 (3) 129-136. Stuttgart

Berlekamp L-R, Pranzas N (1992): Erfassung und Bewertung von Bodenversiegelung unter hydrologisch-stadtplanerischen Aspekten. Hamburg

Brechtel HM, Scheele G (1982) Erwirtschaftung von Grundwasser durch land- und forstwirtschaftliche Maßnahmen. DVWK, 4. Fortbildungslehrgang Grundwasser, 11. bis 14. Oktober 1982 in Darmstadt

Brechtel HM, Lehnardt F (1982) Einfluß der Grundwasserabsenkung auf Waldstandorten. DVWK. 4. Fortbildungslehrgang Grundwasser. Bonn/Hann. Münden

Brechtel HM, Pavlov MB (1977) Niederschlagsbilanz von Waldbeständen verschiedener Baumarten und Altersklassen in der Rhein-Main-Ebene – Arbeitspapier. DVWK Schriften

DIN (Deutsche Norm) 4049 (1983) Teil 101 Hydrologie

Disse M (1995) Modellierung der Verdunstung und der Grundwasserneubildung in ebenen Einzugsgebieten. Diss. Univ. Karlsruhe

Disse M (1997) Flächendetaillierte Modellierung der Verdunstung und der Grundwasserneubildung. Wasser, Boden 49 (9), 43-48

Dommermuth H, Trampf W (1995) Potentielle und tatsächliche Evapotranspiration, Bodenfeuchte und Wasserstreßindex. Daten zum Bodenwasserhaushalt in Deutschland Zeitraum 1951-1980, Bd. 1 Gras, Teil B. Deutscher Wetterdienst, Offenbach

Dörhöfer G, Josopait V (1980) Eine Methode zur flächendifferenzierten Grundwasserneubildungsrate. (Hrsg.) Geologisches Jahrbuch C 27, 46-65. Hannover

DVWK (=Deutscher Verband für Wasserwirtschaft und Kulturbau e.V.) [Hrsg] (1996) Ermittlung der Verdunstung von Land- und Wasserflächen. 238. Bonn

Elhaus D (1993) Die Berechnung der Sickerwassermenge auf der Grundlage der Digitalen Bodenkarte 1:50.000. (Hrsg.) Geologisches Landesamt NRW

Elling W, Häckel H, Ohmayer G (1990) Schätzung der aktuell nutzbaren Wasserspeicherung (ANSW) des Wurzelraums von Waldbeständen mit Hilfe eines Simulationsmodells. Forstwissenschaftliches Centralblatt 109, 210-219

Ernstberger H (1987) Einfluß der Landnutzung auf Verdunstung und Wasserbilanz. Beiträge zur Hydrologie. Kirchzarten

Golf W, Luckner K (1991) AKWA - ein Modell zur Berechnung aktueller Wasserhaushaltsbilanzen kleiner Einzugsgebiete im Mittelgebirge. Acta hydrophys. 35 (1), 5-20. Berlin

Grossmann J (1996) Eingangsdaten und Parameter zur Berechnung der Grundwasserneubildung mit einem Einschicht-Bodenwasserhaushaltsmodell. Deutsche Gewässerkundliche Mitteilungen 40 (5), 204-211

Grossmann J (1998) Verfahren zur Berechnung der Grundwasserneubildung aus Niederschlag für große Einzugsgebiete. Wasser - Abwasser 139 (1), 14-22

Haude W (1954) Zur praktischen Bestimmung der aktuellen und potentiellen Evaporation und Evapotranspiration. Mitteilungen des Deutschen Wetterdienstes 8. Bad Kissingen

Haude W (1955) Zur Bestimmung der Verdunstung auf möglichst einfache Weise. Mitt. d. Deutschen Wetterdienstes Nr. 11. Bad Kissingen

Heger K (1978) Bestimmung der potentiellen Evapotranspiration über unterschiedlichen landwirtschaftlichen Kulturen. Mitt. Dt. Bodenkundl. Ges. (26), 21-24

Heger K, Buchwald D (1980) Vorstudie über die Ermittlung des Beregnungsbedarfes im Hessischen Ried. Bericht des DWD, Abteilung Agrarmeteorologie, Offenbach (unveröffentl.)

Hennings V [Hrsg] (1994) Methodendokumentation Bodenkunde. 31. Hannover

Hoppmann D (1988) Der Einfluß von Jahreswitterung und Standort auf die Mostgewichte der Rebsorten Riesling und Müller-Thurgau (Vitis vinifera L.). Berichte des DWD 176. Offenbach

Klaassen S, Scheele B (1996) Modellierung der potentiellen Grundwasserneubildung mit einem GIS. Wasser und Boden 48 (10), 25-28

Klämt A (1988) Ein Schätzverfahren für Monatssummen des interzeptierten Niederschlages im Zeitraum der Vegetationsperiode. Acta hydrophys. 32(1), 11-26

Kowalewski P, Noblis-Wicherding H, Siegert G, Kambach S (1984) Entwicklung von Methoden zur Aufrechterhaltung der natürlichen Versickerung von Wasser. Berliner Wasserwerke. Schlussbericht BMFT-FB-T, 84-274

Lunkenheimer C (1994) Zur Bestimmung der Grundwasserneubildungsrate im südöstlichen Saarland. Diss. Univ. Saarbrücken

Meßer J (1996) Auswirkungen der Urbanisierung auf die Grundwasser-Neubildung im Ruhrgebiet unter besonderer Berücksichtigung der Castroper Hochfläche und des Stadtgebietes Herne. Univ., Diss. Clausthal

Meuser A (1989) Einfluß von Brachlandvegetation auf das Abflußverhalten in Mittelgebirgslagen. Diss. Kirchzarten

Müller-Westermeier G (1995) Numerisches Verfahren zur Erstellung klimatologischer Karten. Berichte des Deutschen Wetterdienstes 193. Offenbach

Pauluska, A (1985) Urbane Bodenversiegelung und ihre Auswirkungen auf die Grundwasserneubildung - Ein Beitrag zum Landschaftsprogramm aus dem Hamburger Raum. Forschungen z. Raumentwicklung 14, 101-119

Peck A, Mayer H (1995) Einfluß von Bestandsparametern aus die Verdunstung von Wäldern. Forstwissenschaftliches Centralblatt 117 (1), 1-9

Preuss J, Szöcs A (1996) Modellhafte Sanierung von Altlasten am Beispiel des Rüstungsaltstandortes Stadtallendorf. Abschlußbericht zum FundE-Vorhaben. Mainz

Renger M, Strebel O, Giesel W (1974) Beurteilung bodenkundlicher, kulturtechnischer und hydrologischer Fragen mit Hilfe von klimatischer Wasserbilanz und bodenphysikalischen Kennwerten. 4. Bericht: Grundwasserneubildung. Z. f. Kulturtechnik und Flurbereinigung 15, 353-366

Renger M, Strebel O (1980) Jährliche Grundwasserneubildung. Wasser und Boden 32 (8), 362-366

Renger M, Strebel O, Sponagel H (1983) Ermittlung von boden- und nutzungsspezifischen Jahreswerten der Grundwasserneubildung mit Hilfe von Boden- und Klimadaten und deren flächenhaften Darstellung

Renger M, Wessolek G (1990) Auswirkungen von Grundwasserabsenkungen und Nutzungsänderungen auf die Grundwasserneubildung. Mitt. Inst. Wasserwesen 386, 295-307. Univ. der Bundeswehr. München

Richter D (1995) Ergebnisse methodischer Untersuchungen zur Korrektur des systematischen Meßfehlers des Hellmann-Niederschlagsmessers. Berichte des DWD 194. Offenbach.

Schoss H-D (1977) Die Bestimmung des Versiegelungsfaktors nach Meßtischblatt-Signatur. Wasser und Boden 5, 38-140

Schroeder M, Wyrwich D (1990) Eine in NRW angewendete Methode zur flächendifferenzierten Ermittlung der Grundwasserneubildung. Deutsche Gewässerkundliche Mitteilungen 34 (1/2), 12-16

Sokollek V (1983) Der Einfluß der Bodennutzung auf den Wasserhaushalt kleiner Einzugsgebiete in unteren Mittelgebirgslagen. Diss. Univ. Gießen

Sponagel H [Hrsg] (1980) Zur Bestimmung der realen Evapotranspiration landwirtschaftlicher Kulturpflanzen. Geologisches Jahrbuch F9,3-87. Hannover

Szöcs A (1999) Geoökologische Systemanalyse und Bestimmung der Nitroaromaten-Mobilität auf dem großflächigen Rüstungsaltstandort Stadtallendorf. Göttingen

Thornthwaite CW, Mather JR (1955) The water balance. Publ. Climat. Inst. Technol. Lab. Drexel 8 (1), Centerton, New Jersey

Wessolek G (1992) Untersuchungen zum Wasserhaushalt im UVF des Umlandverbandes Frankfurt. Unveröffentl

Wohlrab B, Ernstberger H, Meuser A, Sokollek V (1992) Landschaftswasserhaushalt. Hamburg-Berlin

Mesoskalige Landschaftsanalyse auf Basis von Untersuchungen des Landschaftshaushaltes

Probleme und hierarchische Lösungsansätze am Beispiel von Flusseinzugsgebieten

Martin Volk und Uta Steinhardt

Regionales Umwelt- und Ressourcenmanagement erfordert die Kenntnis der Reaktionen des landschaftlichen Wasser- und Stoffhaushaltes (Landschaftshaushalt) auf Landnutzungsänderungen. Auf dieser Basis können in Szenarien Landnutzungsvarianten abgeleitet werden, die sich mindernd auf Stoffausträge aus Landschaftsteilen und Stoffeinträge in das Oberflächen- und Grundwasser auswirken. Zur Lösung der zahlreichen methodischen Probleme, die sich mit der Untersuchung des Wasser- und Stoffhaushaltes im mittleren Maßstab ergeben, stellen die Autoren ein hierarchisch genestetes Verfahren vor, das skalenspezifische Methoden miteinander verbindet. Dieses Verfahren soll Bewertungen des Landschaftshaushaltes auf den verschiedenen räumlich-zeitlichen Ebenen der Mesoskale ermöglichen. Die Umsetzung von systemorientierten Ansätzen aus der Forschung in die Praxis wird über pragmatische Lösungen angestrebt, um die Anwendung des Verfahrens sowohl für Flusseinzugsgebiete als auch für administrative Einheiten zu ermöglichen. Neben der Überprüfung der skalenspezifischen Anwendungsmöglichkeiten von Wasser- und Stoffhaushaltsmodellen (E2D/3D, ABIMO, ASGi, SWAT, verschiedene Varianten der ABAG) wird auch die Übertragbarkeit von Parameter- und Indikatorensystemen zur Bewertung des Landschaftshaushaltes auf die betreffenden Maßstabsebenen untersucht. Ein wichtiges Ziel ist dabei die Optimierung der Aussagemöglichkeiten für die räumlich-zeitlichen Ebenen der Mesoskale.

Einleitung

Lösungen für ökologische und Umweltprobleme erfordern das Verständnis und die Vorhersage von natürlichen und anthropogenen Strukturen und Prozessen auf allen räumlich-zeitlichen Skalen. Trotzdem wurden bis heute die meisten ökologischen Studien im großen Maßstab (kleinräumig) durchgeführt, so dass unser diesbezügliches Wissen zumeist auch auf lokale Ökosysteme und kleinräumige Wechselwirkungen beschränkt ist. Um die vorhandenen Wissenslücken für größere Räume füllen zu können, müssen sich aktuelle und zukünftige Forschungen, die sich mit Landschaftsanalysen und -bewertungen auf regionaler Ebene beschäftigen, der Beantwortung der folgenden Frage widmen: Wie beeinflusst räumliche Heterogenität in mesoskaligen Bereichen ökologische Prozesse? Die Behandlung dieser Frage und der damit zusammenhängenden Entwicklung von Regionalisierungsstrategien und Regeln zur Extrapolation von Informationen vom lokalen Ökosystem bis hin zu Regionen und ganzen Flusseinzugsgebieten stellt eine der größten Herausforderungen für die Landschaftsforschung dar. Wir schlagen daher einen hierarchisch genesteten Lösungsansatz vor, der traditionelle Untersuchungsmethoden wie Messung und Kartierung mit GIS-gekoppelten Modellierungen, Szenario- und Bewertungstechniken verbindet (vgl. Steinhardt und Volk 2000). Dieser Ansatz soll zur Beantwortung einer der dringendsten ökologischen Fragen für unsere Gesellschaft beitragen: Wie beeinflussen Landnutzungs- und Bewirtschaftungsänderungen die Landschaftsstrukturen und die Ökosystemprozesse bzw. deren Wechselwirkungen auf regionaler Ebene?

Dieses komplexe Thema beinhaltet auch die Frage nach der resultierenden Beeinträchtigung von essentiellen Landschaftsfunktionen wie z.B. den Regulationsfunktionen (z.B. Abflussregulation, Grundwasserneubildung, Grundwasserschutz, Pufferfunktionen des Bodens etc.), die zur Belastung unserer natürlichen Ressourcen wie Wasser und Boden führen können. Für die Untersuchung solcher Prozesse sind Flusseinzugsgebiete besonders geeignet. Sie können als quasi-geschlossene Systeme angesehen werden und eignen sich daher für die Modellierung von Wasser- und Stoffkreisläufen auf Landschaftsebene. Ihre natürlichen Grenzen und ihre hierarchische Organisation bilden eine zweckmäßige Grundlage für Untersuchungen über anthropogen bedingte Umwelteinflüsse.

Die Bedeutung von solchen integrierten Einzugsgebietsmodellierungen wird insbesondere im Hinblick auf die Realisierung der EU-Wasserrahmenrichtlinie deutlich, die eine umfassende Untersuchung und Bewertung von ganzen Flusseinzugsgebieten fordert. Die Ergebnisse der vorgeschlagenen integrierten Landschaftsanalysen stellen die Grundlage für die Berechnung von Szenarien dar, die eine Ableitung von standortangepassten Landnutzungsvarianten mit positiven Effekten auf Stoffausträge aus Landschaftsteilen und Stoffeinträge in Oberflächen- und Grundwasser (Verminderung) erlauben. Problematisch bleibt die Analyse, Untersuchung und Bewertung des Landschaftshaushaltes auf mesoskaliger Ebene. Die Ergebnisse der Untersuchungen sollen einen Beitrag zur Verbesserung des Prozessverständnisses (Wechselwirkungen zwischen Ökosystemprozessen und Landnutzungsänderungen/-bedeckungsänderungen) auf mesoskaliger Ebene leisten. Erreicht wird dieses Ziel durch Anwendung des vorgestellten hierarchischen Modellierungs- und Regionalisierungsansatzes zur regionalen Landschaftsanalyse und -bewertung.

Landschaftsanalysen als Grundlagen für das Einzugsgebietsmanagement

Theoretischer Hintergrund: Skalen und Dimensionen

Geographische Informationssysteme (GIS), GIS-basierte Modellsysteme und Fernerkundungsmethoden bieten die Möglichkeit, große Mengen an räumlich-zeitlichen Informationen zu verwalten und zu kombinieren. Daher haben sie sich zu unentbehrlichen Instrumenten in der landschaftsbezogenen Forschung entwickelt. Dies gilt in besonderer Weise für mesoskalige Untersuchungen, bei denen flächendeckende Datensätze für große Räume bearbeitet werden. Im Gegensatz dazu werden bei kleinräumigen Studien die eher als „klassisch" zu bezeichnenden Methoden wie Kartierung und Messung verwendet.

In unserem systemanalytischen Ansatz sollen theoretische und empirische Methoden, Modellierung, GIS und Fernerkundung kombiniert werden, um diese Ansätze zu verbinden und einen Beitrag zu Fragen der Skalen- und Landschaftstheorie zu leisten. Ein wichtiges Ziel dieses komplexen Forschungsgegenstandes ist die Identifizierung der räumlich-zeitlichen Prozesshierarchien in der Landschaft, um die Prozesse nach ihrer zeitlichen (Dauer: kurzfristig bis langfristig) und räumlichen Dimension (Reichweite: gering bis groß) klassifizieren zu können. Eine solche Klassifizierung könnte eine wichtige Grundlage zur Ableitung umweltverträglicher Landnutzungssysteme beziehungsweise Bewirtschaftungsformen darstellen.

Skalen sind ein wesentliches Konzept sowohl in den Natur- als auch in den Sozialwissenschaften und wurden bereits in unterschiedlichster Weise definiert (Neef 1963, Goodchild & Quattrochi 1997). In der Landschaftsökologie bezieht sich der Begriff "Skale" zumeist auf die Körnung (oder Auflösung) und beschreibt die Ausdehnung in Raum und/oder Zeit. Skalen können absolut (gemessen in räumlichen oder zeitlichen Einheiten) oder relativ (im Verhältnis) sein. Unter „Regionalisierung" (scaling) wird dagegen gewöhnlich der Prozess der Extrapolation oder Übersetzung (Transfer) von Information von einer Skalenebene zu einer anderen verstanden, der das „scaling up" in höhere Ebenen und „scaling down" in niedrigere Ebenen beinhaltet. „Skalen" und „Regionalisierung" sind in den letzten Jahren zu Schlag- bzw. Modeworten in der Ökologie geworden, seit sich die Schwerpunkte der Umweltforschung zunehmend von großen Massstäben auf kleinmaßstäbige Bereiche bewegen. (Es muss an dieser Stelle darauf hingewiesen werden, dass die Begriffe „Skala" und „Regionalisierung" in den Naturwissenschaften oft in ihrer Bedeutung zumeist weitaus eingeengter verwendet werden: „Skala" wird dort oft mit „Datenniveau" gleichgesetzt, während mit „Regionalisierung" die Übertragung von punktuellen Informationen in die Fläche verstanden wird.) Die Beziehungen zwischen räumlichen Strukturen und ökologischen Prozessen bei verschiedenen Skalenebenen ist einer der wichtigsten Forschungsgegenstände mit den meisten ungelösten Problemen in der Landschaftsökologie. Aufgrund der Skalenvielfalt bei räumlichen Strukturen und ökologischen Prozessen spielen Skalen daher die Schlüsselrolle zum Verständnis von Struktur-Prozess-Wechselwirkungen und werden dadurch zu einem Basiskonzept in der Landschaftsökologie (Urban et al. 1987, O'Neill et al. 1989, Dollinger 1998).

Prozesse wie Makroporenflüsse, Bodenerosion, Luftmassenaustausch, Humusbildung und -abbau, Verlagerung von Schwermetallen, Grundwasserschwankungen, Klimaänderungen (z.B. Globale

Transferfunktionen, Regionalisierung

Erwärmung) sollen einer solchen Matrix zugewiesen werden (Abb. 1). Empirische Studien zeigen, dass viele physikalische und ökologische Phänomene zu einer diagonalen Richtung in einem Raum-Zeit-Skalendiagramm tendieren (vgl. z.B. Wu 1999), wobei größere Abweichungen bzw. Variationen durchaus möglich sind (Innes 1998). Dabei überdauern großmaßstäbige Prozesse (kleinräumig) nur kurze Zeiträume, währenddessen Prozesse im kleinen Maßstab dementsprechend längere Perioden wirken.

Skalenab-
grenzung

Die meisten der in Abbildung 1 aufgeführten und räumliche Skalen betreffenden Begriffe und Definitionen basieren auf verschiedene Untersuchungen von deutschen Geographen. Dabei spielt es jedoch keine Rolle, ob sich die Bezeichnungen der Dimensionen auf Begriffe wie *topisch, chorisch* und *regionisch* oder aber auf *Mikro-, Meso-* und *Makroskalen* beziehen – es ist eine klare Übereinstimmung zu dem Prinzip zu erkennen, das bereits von Neef (1963) fomuliert wurde: Skalenspezifische Ansätze erfordern skalenspezifische Untersuchungsmethoden und resultieren in skalenspezifischen Informationen und Einblicken. Zusätzlich zu diesem Axiom haben wir die folgenden Hypothesen formuliert:

1. Eine „scharfe" Skalenabgrenzung ist nicht möglich. Skalenebenen sind durch lose Kopplungen miteinander verbunden.
2. Die Grundkomponenten des Landschaftshaushaltes sind skaleninvariant. Lediglich ihre Einzelfaktoren variieren von Skalenebene zu Skalenebene.

Eine kurze Erläuterung zur ersten Hypothese: Die Definition und Abgrenzung einer spezifischen hierarchischen Ebene ist ein wichtiger Schritt zur

Problemlösung bei unseren Untersuchungen. Die gewählte Skalenebene bestimmt den zu behandelnden Schwerpunkt auf einer spezifisch organisatorischen Ebene des untersuchten Systems. Prozesse auf einer höheren Ebene verlaufen langsamer und können als quasi-konstant angesehen werden. Die Grenzen dieser höheren Ebenen können als Rahmenbedingungen angesehen werden. Im Gegensatz dazu verlaufen die Prozesse niedrigerer Ebenen weitaus schneller. Die hohe Dynamik auf niedrigeren Ebenen wird gefiltert (geglättet) und manifestiert sich lediglich durch die Angabe von Durchschnittswerten. Eine Systembeschreibung ist nur sinnvoll, wenn bei der ausgewählten Skalenebene sowohl die benachbarte höhere als auch niedrigere hierarchische Ebene mit in die Betrachtung einbezogen werden. Steht zum Beispiel der Nährstofftransport während eines fünfminütigen Niederschlagsereignisses im Fokus der Untersuchungen, sollten Blätter, Streuoberfläche, Pflanzenschutz- und –bekämpfungsmittel sowie die Feinwurzeln mit in die Beobachtungen eingeschlossen sein. Sollen jedoch die Auswirkungen von Klimaänderungen über Zeiträume von mehreren Jahrhunderten Forschungsgegenstand sein, muss z.B. der Biomassenakkumulation Beachtung geschenkt werden, während ihre stündlichen, täglichen oder saisonalen Schwankungen vernachlässigt werden können. Gemäß den Vorstellungen der Hierarchietheorie kommt bei einem untersuchten Phänomen das mechanistische Verständnis von der benachbarten unteren Ebene, währenddessen seine Bedeutung nur auf der nächst höheren Ebene erschlossen werden kann. Baldocci (1993) bezeichnet diese drei benachbarten Ebenen als reduktionistische, operationelle und Makroskale.

skalenübergreifende Betrachtung am Beispiel des Nährstofftransports

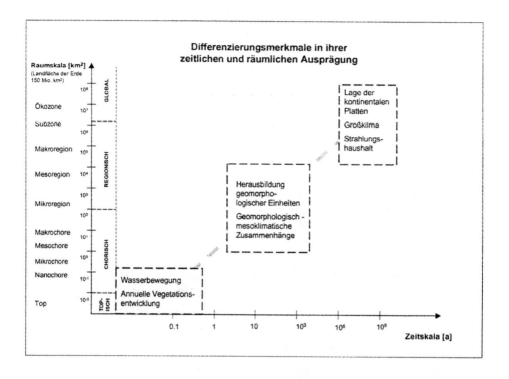

Abbildung 1.
Raumzeitliche Hierarchien landschaftsökologischer Prozesse (n. Wilmking 1998, Barsch et al.
1988, di Castri & Hadley 1988, Herz 1973, Moss 1983, Schultz 1995)

*Faktoren der
Bodenerosion
auf verschie-
denen Skalen*

Die zweite Hypothese kann am Beispiel von
Morphologie und Erosion erklärt werden: Kleinräumig (z.B. Ackerschlag) stellt die Oberflächenrauhig-
keit einen der Hauptfaktoren dar, die Erosionsprozesse beeinflussen, währenddessen für größere
Räume (bis zu Flusseinzugsgebieten) die Faktoren
Hangneigung, Hanglänge, Hangexposition bis hin zu
Ausbildung des Gerinnebettes, des Flussnetzes sowie dessen Anordnung und der Fließrichtung wesentlich für Erosionsprozesse sind.

Es muss am Ende dieses Kapitels jedoch erwähnt werden, dass die Umsetzung der oben aufgeführten Konzepte, Theorien und Hypothesen stark von der skalenspezifischen Verfügbarkeit sowie der Aktualität der Datengrundlagen abhängt, was noch immer ein sehr großes Problem bei allen landschaftsbezogenen Untersuchungen darstellt. Mit der zunehmenden Verwendung von digitalen Daten in Geographischen Informationssystemen auch in Behörden ist jedoch auch der Aufbau von Datenbanksystemen in diesen Einrichtungen verbunden, was zu einer Lösung dieses Problems zunächst zumindest hinsichtlich der Datenverfügbarkeit beitragen sollte. Die Gewährleistung der Aktualität von Datensätzen ist zum großen Teil eine Zeit- und Kostenfrage, so dass dieses Problem sicherlich nur in Zusammenarbeit von Behörden und Forschungseinrichtungen gelöst werden kann.

Daten-problematik

Ein hierarchisch genesteter Ansatz zur Flussgebietsmodellierung

Wie bereits in der Einleitung dargelegt, gewinnen integrierte Landschaftsanalysen und Einzugsgebietsmodellierungen durch die Realisierung der EU-WRRL, die eine Analyse der Umweltsituation gesamter Einzugsgebiete fordert, an Bedeutung. Gemäß der Komplexität von Stoff- und Energieumsätzen in Landschaften muss bei solchen Landschaftsanalysen dem Wasser als Lebenselement und wesentliches Transportmedium in den gemässigten Breiten besondere Beachtung geschenkt werden. Unsere Untersuchungen beziehen sich daher auf vier genestete Einzugsgebiete unterschiedlicher Größe in Mitteldeutschland: Die Einzugsgebiete der Saale (23.000 km²), der Weißen Elster (5.000 km²), der Parthe (350 km²) sowie des Schnellbaches (8 km²) (Abb. 2).

Hierarchisch genestete Einzugsgebiete

*räumliche
Bezugsein-
heiten der
Einzugsge-
bietsanalyse*

Um eine Integration von Forschungsergebnissen in die Raumplanung zu erreichen, müssen sich die entsprechenden wissenschaftlichen Einrichtungen auch mit den von Planern verwendeten räumlichen Bezugseinheiten beschäftigen. Die Raumplanung ist ebenfalls hierarchisch organisiert und bisher waren die entsprechenden Ebenen administrative Einheiten wie Kommunen, Kreise, Regierungsbezirke oder Bundesländer. Umweltforschung muss auf die Betrachtung und Anwendung ihres Wissens, ihrer Konzepte und Ergebnisse in der Gesellschaft und damit in der Raumplanung abzielen. Daher waren die Untersuchungen bisher auch sowohl auf Einzugsgebiete als auch auf administrative Einheiten fokussiert. Adminstrative Einheiten wurden z.B. verwendet, wenn man als Projektziel die Empfehlung von Landnutzungs- und Bewirtschaftssystemen für relevante Behörden hatte. Allerdings verlangt nun

*Management-
pläne nach
EU-WRRL*

die EU-Wasserrahmenrichtlinie bis 2015 die Erstellung von Managementplänen für mesoskalige Einzugsgebiete um eine gute Qualität und Verfügbarkeit von Oberflächen- und Grundwasser (qualitativ und quantitativ) zu erreichen. Das bedeutet, dass Planung erstmalig grenzüberschreitend und prozessbezogen handeln muss, da (mesoskalige) Einzugsgebiete nun die Gegenstände sowohl der wasserwirtschaftlichen als auch der raumplanerischen Behörden sind – was auch mit einer gewaltigen Neuorganisation und Neuorientierung der entsprechenden Behörden verbunden ist (z.B. Leymann 2001). Dabei können sich aufgrund verschiedener Verwaltungsstrukturen zum Teil erhebliche Probleme bei der Zusammenarbeit von Behörden unterschiedlicher Bundesländer ergeben, was zu einer Verzögerung der Teilziele während der Umsetzung der Wasserrahmenrichtlinie führen kann.

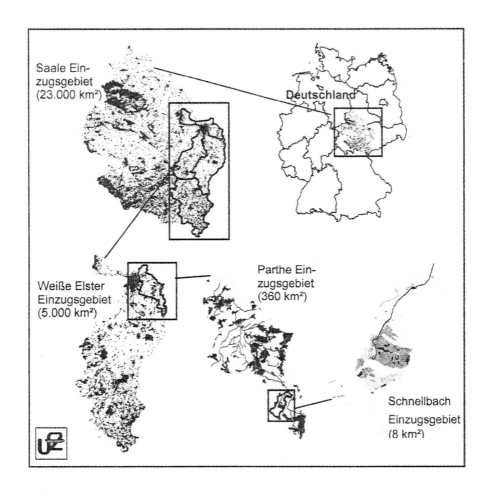

Abbildung 2

Hierarchisch genesteter Ansatz zum Flusseinzugsgebietsmanagement

Ungeachtet der Art der Untersuchungseinheiten muss die Verbindung einer Untersuchungsebene zur benachbarten Ebene gewährleistet sein. Dies erfordert eine Erweiterung der oben genannten skalenspezifischen Ansätze um skalenübergreifende Untersuchungen. Daher schlagen wir eine Kombination von „downscaling"- mit „upscaling"-Ansätzen vor. Dabei nähern wir uns der Mesoskale aus zwei Richtungen: Einerseits werden kleinräumig detaillierte

„Bottom up"

„Top down"

*skalen-
spezifische
Methoden*

Untersuchungen unter Verwendung von Messungen und Kartierungen durchgeführt. Aufgrund des damit verbundenen hohen Zeit- und Arbeitsaufwandes können die meisten Umweltparameter nur über kurze Zeiträume und in kleineren Gebieten gemessen bzw. gewonnen werden. Für größere Räume sind die geeigneten Methoden daher Bilanzierung, Modellierung, Typisierung und Klassifizierung (auch unter Verwendung von Fernerkundungsdaten). Der damit verbundene Verlust an Detailinformation wird durch den Gewinn an Überblicksinformation zu Strukturen, Beziehungen und Wechselwirkungen kompensiert. Die Ergebnisse der „Top Down"-Untersuchungen liefern die Basis zur Ausweisung von potenziellen Gefährdungsflächen, zum Beispiel mit vertikalen und lateralen Material- und Nährstoffausträgen. Im Gegensatz dazu sind die „Bottom Up"-Untersuchungen einerseits wichtig für die Validierung dieser großräumigen Untersuchungen und dienen andererseits auch der Verbesserung des Prozess- und Systemverständnisses. Dabei können GIS-gekoppelte Modellierungen als Methode in allen Skalenbereichen verwendet werden.

Modellierung auf verschiedenen Skalenebenen

*skalen-
spezifische
Modellierung*

Während der letzten Jahrzehnte haben sich Simulationssysteme zu effizienten Werkzeugen bei der Beschreibung von landschaftlichen Prozessen auf unterschiedlichen Skalenebenen entwickelt. Die Beschreibung natürlicher Prozesse ist jedoch unvermeidlich mit einer Abstraktion und Vereinfachung ihrer Komplexität und Wechselwirkungen im realen Landschaftssystem verbunden. Der Grad der Abstraktion und Vereinfachung wird durch den behandelten Gegenstand sowie die untersuchende Person bestimmt. Dieser Umstand hat zur Entwicklung von zahlreichen Modellen und ihres grundsätzlichen Aufbaus, konzeptionellen Hintergrundes, Zeitrahmens und ihres räumlichen Ansatzes geführt. Für mikro- bis mesoskalige Anwendungen wurde während der letzten Jahrzehnte eine Vielzahl von prozessorientierten (hydrologischen) Modellen entwickelt (Herrmann 1999, Volk und Steinhardt 2001, Wenkel 1999).

prozessorientierte Modelle zur Analyse des Landschaftshaushaltes

Das Hauptproblem, das zu Einschränkungen bei der Modellierung großer Flusseinzugsgebiete führt, ist die zunehmende Heterogenität der Umweltparameter, die einhergeht mit einer abnehmenden Datengenauigkeit und -verfügbarkeit für diese großen Gebiete. Zudem kann festgestellt werden, dass die meisten mikroskaligen Modelle zur Untersuchung von spezifischen Fragen entwickelt wurden, die den Forschungsschwerpunkt der jeweiligen Entwickler reflektieren. Daher behandeln die meisten dieser mikroskaligen Modelle auch nur einige Aspekte von landschaftlichen Prozessen sehr detailliert und ausgereift, vernachlässigen dabei aber andere durch die Verwendung von vereinfachten Algorithmen. Im Vergleich zu der hohen Anzahl an Modellen für die Mikro- und untere Mesoskale gibt es nur sehr wenige Modelle, die speziell für die Anwendung in großen Flusseinzugsgebieten entwickelt wurden. Das Konzept solcher Modelle ist im Vergleich zu den Modellen für kleinräumige Untersuchungen zumeist sehr viel einfacher. Dies bezieht sich sowohl auf die Simulation der Einzelprozesse und den implementierten Algorithmen und Methoden, als auch auf ihr Distributionskonzept und ihre zeitliche Auflösung.

Modelle für große Flusseinzugsgebiete

skalen-
spezifische
Anwendbarkeit
von Modellen

Um einen Beitrag zum Schließen der Lücke zwischen mikro- und mesoskaligen Modellen leisten zu können, haben wir eine Reihe von vorhandenen Modellen auf ihre Anwendbarkeit insbesondere in den mesoskaligen Bereichen überprüft. Eines der Ziele ist es hier, die obere Grenze der großmaßstäbigen Modelle und die untere Grenze der kleinmaßstäbigen Modelle zu testen, wobei wir von einen Überlagerungsbereich ausgehen. Wir haben uns dabei auf die Überprüfung der skalenspezifischen Anwendbarkeit der folgenden Modelle konzentriert, die eine Beschreibung von (ausgewählten) Landschaftsprozesse ermöglichen:

berücksichtigte
Modelle

- Erosion 2D/3D
- Modifizierungen der ABAG
- das Abflussbildungsmodell ABIMO
- die integrierten Modelle ASGi und
- SWAT

Tabelle 1 gibt einen Überblick über einige Modelle, ihre Fähigkeiten und Funktionen sowie ihrer skalenspezifischen Anwendbarkeit.

Erosion 2D/3D

EROSION 2D/3D (Schmidt 1991, von Werner 1995) ist ein computergestütztes Modell zur Simulation von Bodenerosion durch Wasser. Es wurde hauptsächlich als Beitrag zur Lösung der Erosionsprobleme in den Agrarlandschaften Mitteleuropas und hier insbesondere für die Kommunal- und Regionalplanung (Inventare, Bewertungen) sowie zur Beratung von Landwirten entwickelt. Das Modell erlaubt Prognosen zu Bodenabtragsmengen sowie zu Sedimentationsraten bei einzelnen Extremereignissen (Starkniederschläge) und Abfolgen von zahlreichen Niederschlagsereignissen, die innerhalb eines längeren Zeitraumes, wie z.B. einem Jahr oder einer Dekade, vorkommen.

Tabelle 1.

Ausgewählte Modelle und ihre skalenspezifischen Anwendbarkeit

Modellsystem	Skalen	Ziele, Operationen und Leistungsumfang
(ArcView) SWAT (Arnold et al. 1993, Srinivasan & Arnold 1993)	Große Fluss-einzugsgebiete, Teileinzugsge-biete (bis mehrere Tausend km²)	• Auswirkung von Bewirtschaftungs-maßnahmen auf Wasser, Sediment, Nährstoff- und Pestizidausträge • Teileinzugsgebiete und Rasterzellen, charakter-isiert nach Böden, Landnutzung, Bewirtschaftung, Topographie, Wetter etc. • SWAT akzeptiert Messdaten u. Punktquellen • Bodenprofil bis zu 10 Horizonte • Kanäle und Staubecken können integriert werden
ABIMO (Glugla & Fürtig 1997)	Meso- bis Makroskale	• Grundelemente des Wasserhaushaltes auf Land-schaftsebene (langjährige Mittelwerte von Abfluss und Evapotranspiration) • Abschätzung des Direktabflusses nach Modi-fizierung mit einem Abflussquotient z.B. nach Röder (1998) möglich.
ASGi (AGNPS+WaSim-ETH) (Young et al. 1987, Schulla 1997)	Mesoskalige Flussein-zugsgebiete	• System von Teilmodellen zur Ableitung von Aus-sagen über diffuse Stoffausträge in land-wirtschaftlich genutzten Einzugsgebieten • Erzeugen und editieren (Preprocessing) der Datenebenen • Kontinuierliche Simulationen (AnnAGNPS); • Routinen (CONCEPTS) für Prozesse im Fließgewässer • Fließgewässertemperaturmodell (SNTEMP); • Berechnung von Bodenerosion, Sediment-transport und Nährstoffaustrag (AGNPS) • Abfluss und Spitzenabfluss (WASIM-ETH) bildet Input in AGNPS
ABAG (Wischmeier & Smith 1978)	Ackerschläge, modifiziert auch in Mesoskale (vgl. BGR 1994)	• Berechnung des mittleren, jährlichen Boden-abtrages in t/ha/a unter Berücksichtigung des plu-viometrischen Regimes, den Bodeneigenschaften, der Geländemorphologie, der Landbedeckung und der evtl. vorhandenen konservierenden Be-wirtschaftungsformen
Erosion 2D/3D (Schmidt et al. 1995)	Teileinzugsge-biete, Land-wirtschaftliche Betriebe, Acker-schläge	• Simulation von Erosionsprozessen bei Starkniederschlagsereignissen bis zu Jahres- oder mehrjährigen Mittelwerten • Basiert auf physikalischem Ansatz, durch hohe räumlich-zeitliche Auflösung und kurze Ber-echnungszeiten charakterisiert

*Module Ero-
sion 2D/3D*

Eroison 2D ist ein physikalisch basiertes Bodenero-
sionsmodell für Einzelhänge. Das Modell berechnet
die Menge des erodierten Materials, das Abfluss-
volumen, sowie die Materialdeposition entlang eines
Bodenprofils bei einzelnen Niederschlagsereignissen. Das Modell besteht aus drei Teilen: das digitale
Hangmodell, das Erosionsmodell sowie das Infiltra-
tionsmodell. Erosion 3D basiert im Wesentlichen auf
den gleichen Algorithmen wie Erosion 2D. Zudem
wird allerdings durch die Integration eines digitalen
Geländemodells in die Berechnung die Beschreibung
der räumlichen Verteilung der Erosionsprozesse
ermöglicht. Eine geringe Anzahl von Eingabepara-
metern und ein minmaler Aufwand für deren
Bestimmung sprechen für die Anwendung dieses
Modells. Gemäß den Vereinfachungen, die allen
Arten von physikalisch basierten mathematischen
Simulationen gemeinsam sind, müssen bei der Anwendung des Modells Einschränkungen beachtet
werden (z.B. keine Simulation der Infiltration in
Makroporen, Vernachlässigung des Einflusses von
suspendiertem Material auf Abfluss oder Turbulenz,
Annahme einer einheitlichen räumlichen Verteilung
der Niederschlagsintensität über das Hangprofil,
Erosion bedingt durch Interzeptionsniederschlag und
Stammabfluss werden ignoriert). Der Modellansatz
kann auf jede andere Region übertragen werden. Ein
weiterer Vorteil besteht in der zeitlichen Variabilität
der wesentlichen Eingabeparameter wie Bodenbear-
beitung, Vegetationsbedeckung, vorhandene Bodenfeuchte etc. Das Modell wurde in dem kleinen Einzugsgebiet des Schnellbaches angewendet. Abbildung 3 zeigt die räumliche Verteilung und Mengen
an erodiertem/sedimentiertem Material während
eines Starkregenereignisses mit einer Wiederholungswahrscheinlichkeit von einhundert Jahren.
Weitere Vorteile und Nachteile des Modells sind in
Tabelle 2 aufgeführt.

Modellansatz

Die **Allgemeine Bodenabtragsgleichung** (ABAG) (Wischmeier und Smith, 1978) wurde während der 1950er Jahre als Universal Soil Loss Equation (US-LE) am United States Department of Agriculture (USDA) entwickelt und ist bis heute die am meisten verwendete Gleichung zur Bestimmung des mittleren, jährlichen Bodenabtrages. Dieser Wert hängt vom pluviometrischen Regime, den Bodeneigenschaften, der Geländemorphologie, der Bodenbedeckung sowie den eventuell vorhandenen konservierenden Bewirtschaftungsmaßnahmen ab. Die Gleichung ermöglicht keine Berechnung der Deposition und betrachtet lediglich die Rillen- und Zwischenrillenerosion, nicht aber die *Gully-Erosion*. Die Gleichung ist wie folgt aufgebaut:

ABAG

Einzelfaktoren

$$A = R\,K\,L\,S\,C\,P$$

Die Bedeutung der Einzelfaktoren wird als allgemein bekannt angenommen. Schwertmann et al. (1990) passten die Gleichung bzw. ihre Einzelfaktoren an die standörtlichen Verhältnisse Bayerns an. Der Aufbau der ABAG erlaubt die Berechnung in einem Geographischen Informationssystem (GIS): Jeder Faktor kann von vorhandenen Daten abgeleitet werden und repräsentiert eine Informationsschicht in der GIS-Umgebung.

Anwendung der ABAG

Viele integrierte Modellsysteme (z.B. SWAT, AGNPS) verwenden die ABAG oder ihre modifizierten Versionen als Kernalgorithmus zur Beschreibung der Bodenerosionsprozesse und dem damit verbundenen lateralen Materialtransport. Dies stellt jedoch auch einen kritischen Punkt dar, da Wischmeier und Smith (1978) den Algorithmus ursprünglich für die Anwendung auf Ackerschlägen – also kleinräumig – entwickelten.

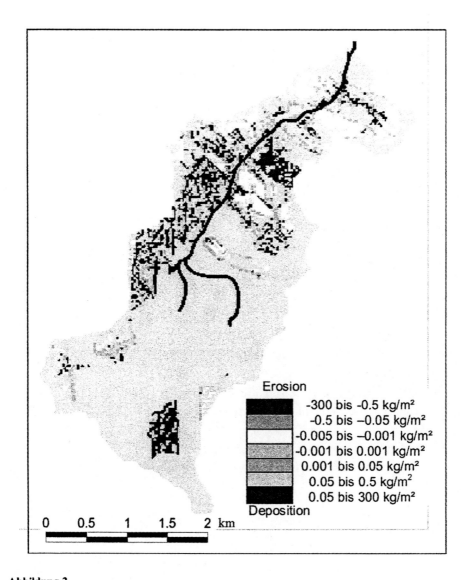

Abbildung 3.
Räumliche Verteilung und Menge an erodiertem/sedimentiertem Material während eines
Starkregenereignisses mit einer Wiederholungswahrscheinlichkeit von 100 Jahren im Ein-
zugsgebiet des Schnellbaches – berechnet mit Erosion 3D

Trotzdem muss festgestellt werden, dass die einfache Struktur der Gleichung und die gegebene Verfügbarkeit der Basisdaten einen wesentlichen Vorteil darstellt und daher zur ABAG bis heute noch keine Alternative für Erosionsberechnungen existiert.

Wir haben modifizierte Varianten der ABAG an den Einzugsgebieten des Schnellbaches und der Parthe sowie am Regierungsbezirk Dessau überprüft. Der Regierungsbezirk Dessau umfasst eine Fläche von ca. 4.300 km² in Sachsen-Anhalt. Es wurden verschiedene Methoden zur Ableitung der Einzelparameter überprüft (Volk et al. 2001a). Die Ergebnisse dieser Untersuchungen tragen zu einer Optimierung der skalenspezifischen Anwendung der ABAG bzw. ihrer Einzelparameter bei. Durch das Aufzeigen der Unsicherheiten können die Ergebnisse zudem die Interpretation von Simulationen verbessern, die mit Modellen durchgeführt wurden, die den ABAG-Algorithmus beinhalten. Ein besonderer Schwerpunkt wurde einerseits auf die Regressionsgleichungen zur Berechnung des R-Faktors und andererseits auf die GIS-programmierten Algorithmen zur Berechnung des LS-Faktors (Hickey et al. 1994, Hickey 1999) gelegt (s. Abbildung 4).

Modifikation der ABAG, Anwendung in kleinen Einzugsgebieten

Bei Betrachtung der Ergebnisse der verschiedenen Varianten kann festgestellt werden, dass die ABAG befriedigende Ergebnisse hinsichtlich der Differenzierung innerhalb eines Untersuchungsgebietes liefert. Diese Differenzierung erlaubt vergleichende Abschätzungen (Gebiete mit höheren oder geringeren Erosionsraten). Aufgrund der zahlreichen Unsicherheiten bei einer mesoskaligen Anwendung der modifizierten Varianten sollte die Gleichung jedoch keinesfalls zur Ableitung bzw. Angabe absoluter Werte (Menge in t/ha/a) verwendet werden (Tabelle 2).

Ergebnisse

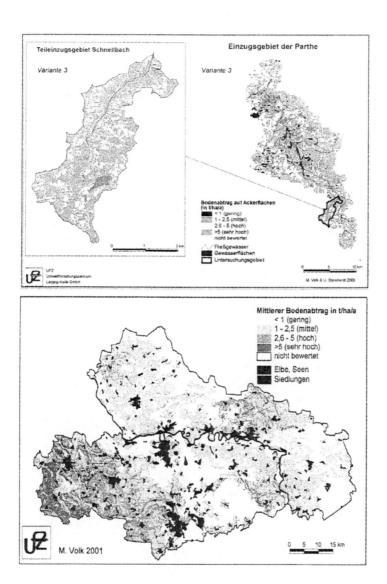

Abbildung 4.

Anwendung der ABAG in den Einzugsgebieten des Schnellbaches und der Parthe sowie im Regierungsbezirk Dessau. Die Einzelfaktoren wurden mittels verschiedener Methoden abgeleitet. Im Regierungsbezirk Dessau werden die höchsten Werte in den westlichen Schwarzerdegebieten erreicht und weisen auf Risikopotenziale innerhalb der Vorranggebiete für landwirtschaftliche Nutzung.

Um eine erste Beschreibung der Grundelemente des Wasserhaushaltes (langjährige Mittel von Abfluss und Evapotranspiration) auf Landschaftsebene zu bekommen, verwenden wir das Abflussbildungsmodell **ABIMO** (Glugla und Fürtig 1997, Rachimov 1996). „Mittlerer Abfluss" ist hier definiert als Differenz zwischen vieljährigem mittlerem Niederschlag und realer Evaporation. Diese Differenz ist äquivalent zum Gesamtabfluss. Im Falle einer ausschließlich vertikalen Versickerung des Wassers stimmt dieser Wert mit der Grundwasserneubildungsrate überein. Da diese Situation aber in der Realität nur sehr selten eintrifft, muss der Wert als indifferente Summe von Oberflächen- und unterirdischem Abfluss verstanden werden. Daher wurden die Ergebnisse mit einem Abflussquotient (basierend auf Hangneigung und Bodenfeuchte) nach Röder (1998) modifiziert, so dass eine Abschätzung des Direktabflusses (bestehend aus Oberflächen- und Zwischenabfluss) möglich wird.

Abfluss-bildungs-modell ABIMO

Die Berechnungen erlauben regionale Bewertungen und Vergleiche zwischen Gebieten mit höherer und niedrigerer Grundwasserneubildung bzw. Abfluss in Beziehung zu den naturräumlichen Bedingungen und den Landnutzungstypen. Für beide Untersuchungsgebiete wurden Größen des Wasserhaushaltes berechnet. Abbildung 5 zeigt die Grundwasserneubildungsraten am Beispiel des Regierungsbezirkes Dessau und dem Einzugsgebiet der Parthe. Solche Berechnungen können z.B. für eine verbesserte Ausweisung von Gebieten zur Trinkwassergewinnung verwendet werden, um zum Trinkwasserschutz beizutragen (Volk und Steinhardt 2001). Neben diesen regionalen Analysen wurden mit dem Modell zudem für kleinere Gebiete im Regierungsbezirk Dessau Szenarien zum Einfluss von Landnutzungsänderungen auf den Wasserhaushalt

Ergebnisse ABIMO

Anwendung für Trinkwasser-schutzgebiete

(Volk und Bannholzer 1999) berechnet. Das Abflussbildungsmodell fand auch innerhalb eines integrierten   ökologisch-sozioökonomischen   Projektes
Verwendung, das sich mit Fragen des Naturressour-
censchutzes und der ökonomischen Entwicklung
beschäftigte (Horsch et al. 2001, Franko et al. 2001,
Volk et al. 2001b). Weitere Vorteile und Nachteile
des Modells sind in Tabelle 2 aufgeführt.

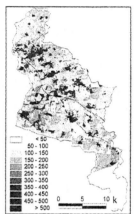 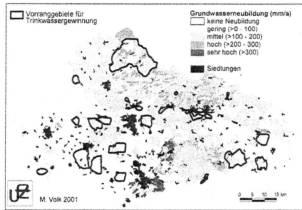

Abbildung 5.
Gesamtabfluss [mm/a] berechnet mit ABIMO (links: Parthe Einzugsgebiet, rechts: Regierungsbezirk Dessau). Bei gleichzeitiger Betrachtung der Landnutzungssituation ermöglicht
die Differenzierung eine Verbesserung des regionalen Grundwasserschutzes.

Modell ASGi

ASGi wurde zwischen 1993 und 1997 an der
Bundeswehrhochschule in München zusammen mit
dem Bayerischen Landesamt für Wasserwirtschaft
entwickelt. ASGi ist ein GIS-gekoppeltes, integrier-
tes Modellsystem mit dem Abfluss und Stofftransport kontinuierlich simuliert werden können. Es
handelt sich dabei um ein gridbasiertes, modulares
Modellsystem, das die Berechnung von Wasser-,
Sediment- und Nährstoffflüssen in mesoskaligen
Flusseinzugsgebieten erlaubt.

ASGi besteht aus zwei mehr oder weniger unabhängigen Teilmodellen: Dem weitgehend physikalisch basierten Wasserhaushaltsmodell WASiM-ETH (Schulla 1997) und dem deterministisch-analytischen Modell AGNPS (Young et al. 1987) zur Simulation der wassergebundenen Stoffflüsse. Das Modell **AGNPS** (Agricultural Nonpoint Source) bezieht sich auf Einzelereignisse. Es verlangt die Aufbereitung der Einzugsgebietsdaten in Grids, mit jeweils 22 Eingabeparameter pro Grid. Die Eingabevariablen können in sechs Kategorien gruppiert werden: (1) Einzugsgebiet, (2) Topographie, (3) Fluss, (4) Böden, (5) Landnutzung/-bedeckung und (6) Punktquellen.

Aufbau und Funktion von ASGi

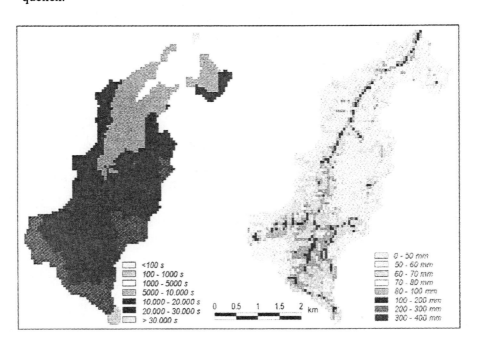

Abbildung 6.
Fließzeiten (links) und Abflussmenge (rechts), berechnet mit ASGi für das Schnellbach Teileinzugsgebiet. Die Fließzeiten stellen einen wichtigen Faktor zur Beschreibung des räumlich-zeitlichen Einflusses von Landnutzungsänderungen auf das hydrologische Prozessverhalten und den Stofftransport dar

Ergebnisse
ASGi

Die Ergebnisse der ASGi-Berechnungen beinhalten sowohl Informationen für das gesamte Einzugsgebiete (Gebietsauslass) als auch detaillierte Informationen für jede einzelne Rasterzelle. Die Ergebnisse beziehen sich auf die Hydrologie (Abfluss und Abflussspitzen), Sedimente/Erosion sowie Nährstoffe (Stickstoff, Phosphor und chemischer Sauerstoffbedarf).

Anwendung
von ASGi im
Einzugsgebiet
Schnellbach

ASGi wurde im Teileinzugsgebiet des Schnellbaches getestet. Das hydrologische Teilmodell (WaSIM-ETH) ist als sehr gut zu beurteilen. Die Erfahrungen aus anderen Forschungsprojekten bestätigen dieses Urteil (Bronstert et. al 2001, Niehoff et al. 2001). Abbildung 6 zeigen die berechneten Fließzeiten und den Oberflächenabfluss für das Untersuchungsgebiet. Im Gegensatz dazu führte die Verwendung des Teilmodells zur Berechnung der wassergebundenen Stoffflüsse zu keinen befriedigenden Ergebnissen. Als eine Ursache hierfür ist die in ASGi vorgenommene Reduzierung des Modells AGNPS auf den Stofftransport anzusehen, dessen Algorithmen dann in eine neue Umgebung gestellt wurden. Dabei wurde eine Reihe von Fehlern entdeckt. Die Weiterentwicklung von ASGi endete mit dem Auslaufen des Forschungsprojektes, was generell ein Problem projektbezogener Modellentwicklungen darstellt. Rode und Lindenschmidt (2001) kombinierten ebenfalls WaSIM-ETH und AGNPS und erhielten bessere Ergebnisse mit ihrem Ansatz. Weitere Vorteile und Nachteile des Modells sind in Tabelle 2 aufgeführt.

Modell SWAT
für große
Einzugsgebiete

SWAT (Soil and Water Assessment Tool) ist ein für mittlere bis große Flusseinzugsgebiete einzusetzendes Modell, das von Arnold et al. (1993, 1998) entwickelt wurde. Es erlaubt die Ableitung von Aussagen über den Einfluss von Landnutzungs- und

Bewirtschaftungsänderungen auf Wasser, Sediment und Austrägen von Agrochemikalien in mittleren bis großen, komplexen Flusseinzugsgebieten mit heterogenen Boden-, Landnutzungs- und Bewirtschaftungsverhältnissen über lange Zeiträume. Das Modell ist physikalisch basiert, verwendet verfügbare Eingabedaten und erlaubt dem Benutzer die Untersuchung von Langzeiteinflüssen.

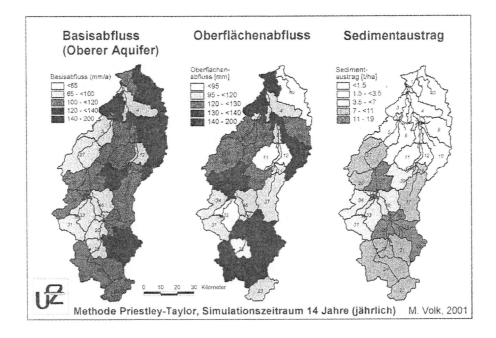

Abbildung 7.
Simulation von Basisabfluss, Oberflächenabfluss und Sedimentaustrag mit SWAT im Einzugsgebiet der Weißen Elster. Die Abbildung zeigt eines der Ergebnisse unserer Experimente zur Verwendung unterschiedlicher Methoden der Berechnung der Potenziellen Evapotranspiration. Solche Untersuchungen sind die Grundlage des intergrierten Flussgebietsmanagements, da sie Abschätzungen von regionalen Potenzialen und Umweltrisiken erlauben und damit die Ableitung entsprechender Schutzmaßnahmen und Landnutzungssysteme ermöglichen

SWAT ist ein kontinuierliches Modell, d.h. ein Langzeit-Modell zur Berechnung des Wasser- und Stoffhaushaltes sowie landwirtschaftlicher Erträge. Zahlreiche „Spezial"-Modelle haben wesentlich zur Entwicklung von SWAT beigetragen: CREAMS (Knisel 1980), GLEAMS (Leonard et al. 1987) and EPIC (Williams et al. 1984).

Modell-
versionen
SWAT

Für unsere Untersuchungen haben wir die Version SWAT2000 mit ArcView-Benutzeroberfläche (vgl. DiLuzio et al. 2001) verwendet. SWAT2000 beinhaltet im Vergleich zu den Vorgängerversionen zahlreiche Verbesserungen und funktionale Erweiterungen (vgl. Neitsch et al. 2001). Das Modell erlaubt die Berechnung von zahlreichen physikalischen Prozessen des Wasserkreislaufes sowohl im Bereich der Landoberfläche als auch im Gerinne bzw. im Fließgewässer ("Routing"). Abbildung 7 zeigt die Simulationsergebnisse für einen Zeitraum von 14 Jahren am Beispiel des Einzugsgebietes der Weißen Elster (ca. 5.000 km²).

Funktionen im
SWAT

Die Weiterentwicklung des Modells wird aktiv durch das USDA unterstützt, was als Vorteil gewertet werden kann. Bei den Entwicklern (http: // www. brc. tamus. edu / swat / swatuser.html) stehen drei Foren zur Verfügung: Eines für die ArcView-Benutzeroberfläche, eines für die Benutzeroberfläche in BASINS 3.0 sowie eines für SWAT2000. An diese Foren können sich die Nutzer bei Fragen wenden. Software und Quellcode sind frei verfügbar und erlauben daher auch Modifizierungen des Modells (vgl. z.B. Fohrer et al. 2001), Korrekturen von Fehlern im Quellcode oder die Lösung von Problemen mit der Benutzeroberfläche. Der modulare und offene Aufbau des Modells bildet in seiner Kopplung mit der ArcView-Benutzeroberfläche ein sehr benutzerfreundliches

Instrument. Der Benutzer hat die Möglichkeit, je nach vorhandener Datenlage entsprechende Berechnungsalgorithmen zu wählen. Dabei stehen zum Beispiel zur Berechnung der Potenziellen Evapotranspiration (PET) die Verfahren Priestley-Taylor, Penman-Monteith oder Hargreaves zur Verfügung. Aufgrund des oben bereits erwähnten offenen Aufbaus des Modells ist dem Nutzer auch die Implementierung zusätzlicher Methoden möglich. Im Rahmen unserer Untersuchungen wurde z.B. die FAO Penman-Monteith-Methode (vgl. Wendling 1995) hinzugefügt, da sie die mitteleuropäischen Verhältnisse besser wiederzugeben scheint. Das Modell wurde nicht zur Simulation von detaillierten Einzelereignissen entwickelt. Aufgrund der zeitlichen Auflösung von Tageswerten sollte das Modell auch nicht in sehr kleinen Einzugsgebieten angewendet werden, da hier die hydrologischen Prozesse in diesem Zeitraum eine sehr hohe zeitliche Dynamik aufweisen können. Das Modell ist aber sehr gut für die Simulation hydrologischer Prozesse und der damit verbunden Stoffflüsse in mesoskaligen Flusseinzugsgebieten geeignet.

Algorithmen in SWAT

Schlussfolgerungen

Die Anwendbarkeit von Modellsystemen ist je nach ihrer „Modell-Philosophie" auf bestimmte (zeitliche und räumliche) Skalenebenen beschränkt. Kein „skalenunabhängiges" Modell ist gleichzeitig zur Behandlung von verschiedenen Fragen geeignet und über Sätze genauer Parameter- und Eingabevariablen steuerbar. Der Nutzer muss genauestens überprüfen, für welche Fragestellung das Modell eingesetzt werden soll.

Bedeutung unterschiedlicher Modellphilosophien

Er muss dabei folgende Fragen beantworten:

- Erfüllt das Modell die Anforderungen der zu lösenden Probleme?
- Welche Prozesse werden durch das Modell beschrieben?
- Welche Algorithmen sind implementiert?
- Welche zeitliche und räumliche Auflösungen sind mit dem Modell bearbeitbar?
- Welche Eingabedaten werden benötigt?
- Welche Ausgabedaten werden erzeugt?

Tabelle 2
Vor- und Nachteile der getesteten Modelle hinsichtlich ihrer Anwendbarkeit.

Modell	Vorteile	Nachteile
ABAG	- Einfache Einzelfaktoren - Ergebnisse vergleichbar mit anderen Studien	- Parameter sind nicht standortangepasst - Vereinfachte Varianten sind nicht allgemein anwendbar
Erosion 2D/3D	- Parameterkatalog eingeschlossen - GIS-Kopplung (ArcView)	- Anwendung in größeren Gebieten problematisch - Übertragung in Gebiete ausserhalb Mitteleuropas schwierig
ABIMO	- ausreichend im pleistozänen Lockergesteinsbereich Mitteldeutschlands getestet - geringe Anzahl an Parametern erlaubt breite Anwendung	- ungeeignet für höhere räumlich-zeitliche Auflösung - keine Differenzierung zwischen den Abflusskomponenten
ASGi	- Modularer Aufbau, GIS-Kopplung (ArcInfo) - Auswahl der Algorithmen je nach Datenbasis möglich	- Keine Verbesserungen aufgrund projektbezogener Entwicklung - Fehler in den Stoff- und Nährstoffkomponenten
(AV)SWAT	- sehr nutzerfreundlich aufgrund des modularen Aufbaus und der ArcView-Kopplung - Mesoskalige Anwendbarkeit - Auswahl der Algorithmen je nach Datenbasis möglich	- Gefahr der Überparametrisierung - schwierig in grösseren Gebieten - Übertragung und Anpassung der hohen Anzahl an Parametern an Gebiete außerhalb der USA ist sehr zeitaufwendig und problematisch

Im Ergebnis der Überprüfung der ausgewählten Modelle zeigte sich aus unserer Sicht SWAT als das Modell, welches am besten für die Anwendung im mesoskaligen Bereich geeignet ist. Es verbindet die Vorteile eines integrierten Modells (d.h. die Beschreibung des Wasserhaltes und der damit verbundenen wassergebunden Stofflüsse) mit der Möglichkeit, in Gebieten räumlicher Variabilität zu arbeiten (d.h. von kleinen bis sehr großen Einzugsgebieten). Es ist nicht geeignet für die Simulation von Wasser- und Stofflüssen in Boden- oder Hangprofilen oder für die Simulation von Einzelereignissen. Für die detaillierte Beschreibung von Erosionsprozessen kann das Modell Erosion 3D empfohlen werden. Liegt der Schwerpunkt auf hydrologischen Fragestellungen, ist nach Überprüfung der ausgewählten Modelle das System WaSIM-ETH zu bevorzugen.

Eignung der Modelle

Ausblick

Auf Basis von Modellierungsergebnissen versuchen wir eine prozessbezogene Landschaftstypisierung vorzunehmen. Im Hinblick auf die oben genannten Theorie müssen dabei folgende Fragen beantwortet werden:

Landschafts-typisierung

- Sind Prozesse immer skalenspezifisch?
- Gibt es zudem skalenunabhängige bzw. skalenübergreifende Prozesse?
- Falls dem so ist, sind diese beschränkt auf katastrophale Ereignisse wie Vulkanausbrüche, Insekteninvasionen, Überschwemmungen, etc.?

Unser Ziel ist die Klassifizierung der landschaftlichen Prozesse nach Eigenschaften wie Kontinuität, Periodizität, Reichweite und Intensität (Abbildung 8).

Klassifizierung landschaftlicher Prozesse

Diese Klassifizierung stellt dann die Grundlage für die o.g. prozessbezogene Landschaftstypisierung dar. Im Gegensatz zu früheren, auf strukturellen Eigenschaften basierenden Typisierungen (z.B. Korngrößenverteilung, Hangneigung, Exposition, Jahresmitteltemperatur etc.) stellt dies einen neuen Ansatz dar. Dadurch wird eine großräumige Charakterisierung der Landschaft nach Gebieten mit ähnlichem Prozessverhalten möglich. Nach Burak und Zepp (2000) sind die wesentlichen Merkmale zur Ableitung einer großräumigen Prozessstruktur Bodenwasserdynamik, Relief, klimatische Wasserbilanz und Landnutzung. Über Landnutzungsart und -intensität können anthropogen beeinflusste Auswirkungen auf die Stoffdynamik bestimmt werden.

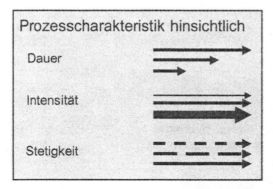

Abbildung 8.
Ansätze zur prozessbezogenen Landschaftstypisierung

Die Entwicklung von Modellsystemen zur Beschreibung der zahlreichen (landnutzungsbezogenen) Prozesse des Landschaftshaushaltes stellt nur den forschungsorientierten Teil der Arbeiten dar. Auf der anderen Seite müssen Wege zur Anwendung der Methoden, Instrumente und Ergebnisse in Politik und Gesellschaft gefunden werden. Es werden zukünftig in zunehmendem Maße Systeme zur multikriteriellen Landschafts- und Umweltanalyse benötigt, mit denen die relevanten Behörden aus Studien in Flusseinzugsbieten (z.B. Wasserqualität) Entscheidungen treffen können, die sowohl aus ökologischer als auch aus ökonomischer Sicht vertretbar sind. Bei BASINS (Better Assessment Science Integrating Point and Nonpoint Sources) handelt es sich z.B. um ein System, das verschiedene Modelle beinhaltet und für die Bedürfnisse solcher Entscheidungsträger entwickelt wurde (EPA 1998). Modellierungen und Simulationen werden aufgrund der steigenden Leistungsfähigkeit von PCs sowie der zunehmenden Effizienz von Software im Bereich Modellbaukasten und Methodik auch für die Umweltforschung immer mehr zu wesentlichen Instrumenten. Baukastensysteme werden in Zukunft auch Nutzern ohne detaillierte Programmierkenntnisse die Zusammenstellung von Modulen zu verschiedenen Modellsystemen erlauben. Daher werden von der Forschung auch in zunehmendem Maße Schwerpunkte im Bereich Design und Implementierung solcher Objekt-orientierter Modellsysteme (OMS) gesetzt, um diese Belange treffen zu können (vgl. David 1997, 1999). Zahlreiche Umweltprogramme, wie z.B. die bereits erwähnte EU-Wasserrahmenrichtlinie (EC 2000), können in vielfacher Weise beim Umwelt- und Ressourcenmanagement (Entscheidungsfindung) von der Nutzung und Anwendung solcher integrierter Systeme profitieren.

Modelle und Anwendungsbezug

Modelle als Baukastensysteme

Literatur

Arnold JG, Allen PM, Bernhardt G (1993) A comprehensive surface-groundwater flow model. J Hydrology 142, 47-69

Arnold JG, Srinivasan R, Muttiah RS, Williams JR (1998) Large area hydrologic modeling and assessment, Part I: Model development. J Am. Water Resources Assoc. 34, 1, 73-89.

Baldocchi DD (1993) Scaling water vapor and carbon dioxide exchange from leaves to a canopy: Rules and tools. In: Ehleringer JR, Field CB [Hrsg] Scaling Physiological Processes: Leaf to Globe. Academic Press, San Diego, 77-114

Barsch H, Billwitz K, Reuter B (1988) Einführung in die Landschaftsökologie. (Manuskript) Potsdam

Bronstert A, Fritsch U, Katzenmaier D (2001) Quantifizierung des Einflusses der Landnutzung und -bedeckung auf den Hochwasserabfluß in Flußgebieten. Potsdam, Berlin: CD-ROM

Bundesanstalt für Geowissenschaften und Rohstoffe [Hrsg] (1994) Methodendokumentation Bodenkunde. Auswertungsmethoden zur Beurteilung der Empfindlichkeit und Belastbarkeit von Böden. Geologisches Jahrbuch, Reihe F 31

Burak A, Zepp H (2000) Eine prozeßorientierte landschaftsökologische Gliederung Deutschlands - Konzept und Vorstudien. In: Zukunft mitteleuropäischer Kulturlandschaften. Analyse - Bewertung - Planung - Management. IALE-D Jahrestagung 2000, Nürtingen, 56-57

David O (1997) Object Modeling System, Key Concepts and System Overview, Interagency Workshop on the Development of a Modeling Framework for Agricultural, Hydrologic and Ecolgical System Models, Colorado State University, Fort Collins, September 1997

David O (1999) The Impact of Object Orientation on System Representation in Hydrology International Congress on Modelling and Simulation MODSIM 99, Hamilton, New Zealand, Vol I, 239-243, Dez. 1999

Di Castri F, Hadley M (1988) Enhancing the Credibility of Ecology: Interacting Along and Across Hierarchical Scales. GeoJournal 17, 1, 535

DiLuzio M, Srinivasan R, Arnold J G (2001) ArcView Interface for SWAT2000. User's Guide. http://www.brc.tamus.edu/swat/swat2000doc.html, 1-342

Dollinger F (1998) Die Naturräume im Bundesland Salzburg. Forschungen zur Deutschen Landeskunde 245. Flensburg, 1-215

EC [Hrsg] (2000) Directive 2000/60/EC of the European Parliament and of the council of 23 October 2000 establishing a framework for Community action in the field of water policy. Official Journal of the European Communities. 22.12.2000. L327/1-72

EPA (=Environmental Protection Agency) (1998) Better Assessment Sciene Integrationg Point and Nonpoint Sources. BASINS Version 2.0. EPA 823-B-98-006

Fohrer N, Haverkamp S, Eckhardt K, Frede H-G (2001) Hydrological Response to Land Use Changes on the Catchment Scale. Phys. Chem. Earth (B) 26, 7-8, 577-582

Franko U, Schmidt T, Volk M (2001) Modellierung des Einflusses von Landnutzungsänderungen auf die Nitratkonzentration im Sickerwasser. Horsch H, Ring I, Herzog F [Hrsg]: Nachhaltige Wasserbewirtschaftung und Landnutzung. Methoden und Instrumente der Entscheidungsfindung und –umsetzung. Metropolis: 165-186, Marburg.

Glugla G, Fürtig M (1997) Dokumentation zur Anwendung des Rechenprogrammes ABIMO. Bundesanstalt für Gewässerkunde, Berlin

Goodchild MF, Quattrochi DA (1997) Scale, Multiscaling, Remote Sensing, and GIS. In: Quattrochi D A, Goodchild M F (eds) Scale in Remote Sensing and GIS. Lewis Publishers Boca Raton New York London Tokyo, 1 -11

Herrmann S (1999) Landschaftsmodellierung zwischen Forschung und Anwendung. In: Dabbert S, Herrmann S, Kaule G, Sommer M (Eds 1999): Landschaftsmodellierung für die Umweltplanung, Springer, 7-16

Herz K (1973) Beitrag zur Theorie der landschaftsanalytischen Maßstabsbereiche. Petermanns Geogr. Mitt. 117, 1-96

Herz K (1984) Theoretische Grundlagen der Arealstrukturanalyse. Wiss. Z. Päd. Hochsch., Dresden

Hickey R, Smith A, Jankowski P (1994) Slope length calculation from a DEM within ARC/INFO GRID. – Comput. Environ. And Urban Systems 18: 365-380.

Hickey R (1999). Cumulative Downhill Slope Length AMLs (Version 2.0). http://www.cage.curtin.edu.au/~rhickey/ aml2.html.

Horsch H, Ring I, Herzog F [Hrsg] (2001) Nachhaltige Wasserbewirtschaftung und Landnutzung. Methoden und Instrumente der Entscheidungsfindung und –umsetzung. Metropolis, Marburg.

Innes J L. (1998) Measuring environmental change. In: D. L. Peterson and V. T. Parker (Hrsg.), Ecological Scale: Theory and Applications, pp. 429-457. Columbia University Press, New York

Knisel WG (1980) CREAMS, a field scale model for chemicals, runoff and erosion from agricultural management systems. USDA Conservation Research Rept. No. 26

Leonard RA, Knisel WG, Still DA (1987) GLEAMS: Groundwater loading effects of agricultural management systems. Trans. ASAE. 30:1403-1418

Leser H (1991, 1997) Landschaftsökologie. Ulmer, Stuttgart

Leymann G (2001) Die Bedeutung der Wasserrahmenrichtlinie für die Bundesländer. Wasser & Boden 53, 3: 23-25

Moss M (1983) Landscape Synthesis, Landscape Processes and Land Classification, some theoretical and methodological issues. GeoJournal 7.2: 145-153

Neef E (1963) Dimensionen geographischer Betrachtungen. Forschungen und Fortschritte 37: 361-363

Neef E (1967) Die theoretischen Grundlagen der Landschaftslehre. Haack, Gotha

Neitsch S, Arnold J G, Kiniry J R, Williams J R (2001) Soil and Water Assessment Tool Theoretical Documentation Version 2000. http://www.brc.tamus.edu/swat/swat2000doc.html, 1-506

Niehoff D, Bronstert, A (2001) Influences of land-use and land-surface conditions on flood generation: a simulation study. In: J. Marsalek et al. (eds.), Advances in Urban Stormwater and Agricultural Runoff Source Controls, 267-278. NATO Science Series "Environmental Security". Kluwer

O'Neill R V, Johnson A R, King A W (1989) A hierarchical framework for the analysis of scale. Landscape Ecology 3, 193-205

Rachimov C (1996) Algorithmus zum BAGROV-GLUGLA-Verfahren für die Berechnung langjähriger Mittelwerte des Wasserhaltes (Abflussbildungsmodell ABIMO, Version 2.1). Programmbeschreibung, pro data consulting

Rode M, Lindenschmidt K-E (2001) Distributed Sediment and Phosphorus Transport Modeling on a Medium Sized Catchment in Central Germany. Phys. Chem. Earth (B), 26, 7-8, 635-640

Röder M (1998) Erfassung und Bewertung anthropogen bedingter Änderungen des Landschaftswasserhaushaltes - dargestellt an Beispielen der Westlausitz. Dissertation TU Dresden

Schmidt J, Michael A, Schmidt W, v.Werner M (1997) EROSION 2D/3D - Ein Computermodell zur Simulation der Bodenerosion durch Wasser. Sächsisches Landesamt für Umwelt und Geologie, Sächsische Landesanstalt für Landwirtschaft

Schulla J (1997) Hydrologische Modellierung von Flußgebieten zur Abschätzung der Folgen von Klimaänderungen. ETH-Diss. 12018, ETH Zürich

Schultz J (1995) The Ecozones of the World. Springer, Berlin, Heidelberg, New York

Schwertmann, U, Vogl W, Kainz M (1990) Bodenerosion durch Wasser. Ulmer, 64 S.

Srinivasan R, Arnold JG (1993) Basin scale water quiality modelling using GIS. Proceedings, Applications of Advanced Inform. Technologies for Managem. of Nat. Res., June 17-19, Spokane, WA, USA, 475-484

Urban DL, O'Neill RV, Shugart HH (1987) Landscape ecology: A hierarchical perspective can help scientists understand spatial patterns. BioScience 37, 119-127

Volk M, Bannholzer M (1999) Auswirkungen von Landnutzungsänderungen auf den Gebietswasserhaushalt: Anwendungsmöglichkeiten des Modells ABIMO für regionale Szenarien. Geoökodynamik 20, 193-210

Volk M, Steinhardt U (2001) Landscape balance. In: Krönert R, Steinhardt U, Volk M [Hrsg.]: Landscape Balance and Landscape Assessment, Springer, 163-202

Volk M, Steinhardt U, Gränitz S, Petry D (2001) Probleme und Möglichkeiten der mesoskaligen Abschätzung des Bodenabtrages mit einer Variante der ABAG. Wasser & Boden 53, 12, 24-30.

Volk M, Herzog F, Schmidt T, Geyler S (2001) Der Einfluss von Landnutzungsänderungen auf die Grundwasserneubildung. Horsch H, Ring I, Herzog F [Hrsg.]: Nachhaltige Wasserbewirtschaftung und Landnutzung. Methoden und Instrumente der Entscheidungsfindung und -umsetzung. Metropolis: 147-164, Marburg

Wendling U (1995) Berechnung der Gras-Referenzverdunstung mit der FAO Penman-Monteith-Beziehung. Wasserwirtschaft 85, 12, 602-604.

Wenkel K-O (1999) Dynamische Landschaftsmodelle für die Angewandte Landschaftsökologie. In: Schneider-Sliwa, R, Schaub, D, Gerold, G [Hrsg.]: Angewandte Landschaftsökologie. Grundlagen und Methoden. Springer, 107-133

Werner M v (1995) GIS-orientierte Methoden der digitalen Reliefanalyse zur Modellierung von Bodenerosion in kleinen Einzugsgebieten. Dissertation, Freie Univ. Berlin

Williams JR, Jones CA, Dyke PT (1984) A modeling approach to determiningthe relationship between erosion and soil productivity. Trans. ASAE 27(1), 129-144

Wilmking M (1998) Von der Tundra zum Salzsee. Landschaftsökologische Differenzierungen im westlichen Uvs-Nuur-Becken, Mongolei. (Tundra to Salt Lake. Landscape Ecological Differentiation in the Western Part of the Uvs Nuur Hollow, Mongolia). Diplomarbeit, unveröff., Universität Potsdam

Wishmeier WH, Smith DD (1978) Predicting rainfall erosion losses – A predictive guide to conservation planning. USDA, Agric. Handbook No. 537.

Wu J (1999) Hierarchy and scaling: Extrapolating information along a scaling ladder. Canadian Journal of Remote Sensing 25(4), 367-380.

Young RA, Onstad CA, Bosch DD, Anderson WP (1987) AGNPS - A nonpoint-source pollution model for evaluating agricultural watersheds. J. Soil and Water Conservation 44/2, 169-173

Diffuse und punktuelle Stickstoffausträge in die Gewässer der mittleren Mulde

Ulrike Hirt

Hohe Stickstoffkonzentrationen in Gewässern und der Nordsee erfordern Maßnahmen zur Reduzierung sowohl der punktuellen als auch der diffusen Stickstoffeinträge. Um geeignete Maßnahmen umsetzen zu können, muss eine pfadbezogene Ermittlung der Stickstoffausträge vorgenommen werden. Für das Einzugsgebiet der mittleren Mulde wird eine pfadbezogene Ermittlung der Stickstoffausträge auf Basis der Landnutzung vorgestellt.

Durch punktuelle Quellen werden aktuell ca. 2.400 t Stickstoff jährlich in die Flüsse des Untersuchungsgebietes eingetragen. Der Haupteintrag von über 50 % (1.250 t/a) des Gesamteintrages erfolgt über kommunale Kläranlagen, gefolgt von den industriellen Direkteinleitern und den Regenüberläufen zu gleichen Anteilen von ca. 20 % (462 t/a und 444 t/a). Die diffusen Stickstoffausträge aus der Bodenzone des Ackerlandes betragen insgesamt 8.050 t pro Jahr für die 80er Jahre und 2.815 t pro Jahr für die 90er Jahre. Dabei machen die Einträge in das Grundwasser mit 5.303 t/a für die 80er Jahre den Hauptanteil aus, gefolgt von 1.480 t/a für den Dränageabfluss und 1.267 t/a für den Direktabfluss. In den 90er Jahren ist der Stickstoffaustrag aus der Bodenzone durch den starken Rückgang der Stickstoffbilanzüberschüsse auf landwirtschaftlichen Flächen nach der Wiedervereinigung mit 1.934 t/a (Grundwasser), 454 t/a (Dränageabfluss) und 410 t/a (Direktabfluss) deutlich zurückgegangen.

Einführung

Anhaltend hohe Stickstoffeinträge in Gewässer und Nordsee hat die Internationale Nordseeschutzkonferenz (INK) dazu veranlasst, eine Resolution zur 50%igen Reduzierung der Stickstoffeinträge in die Nordsee im Zeitraum 1985 bzw. 1987 und 1995 zu verabschieden.

*Stickstoff-
einträge in
Gewässer*

Trotzdem ist in den Flüssen der mittleren Mulde in diesem Zeitraum noch kein spürbarer Rückgang der Stickstoffkonzentrationen zu verzeichnen, die Stickstoffkonzentrationen liegen nach wie vor im Durchschnitt über 6 mg/l. Somit ist auch das zur Umsetzung der EU-WRRL festgelegte Ziel von 3 mg/l für Gesamtstickstoff (http://www.umweltbundesamt.de/dux/wasser)   noch weit überschritten. Fraglich ist, ob im geforderten Zeitraum das Umweltziel für Gesamtstickstoff erreicht werden kann. Dazu sind Untersuchungen im mesoskaligen Maßstab notwendig, mit Hilfe derer regionale Gefährdungspotenziale aufgezeigt und das Verhalten der unterschiedlichen Landschaftsräume eingeschätzt werden kann. Die vorhandenen mesoskaligen N-Modelle (z.B.

*Mesoskalige
Modelle*

Behrendt et al. 1999, Gebel 1999, Werner und Wodsack 1994) sind entweder für die Modellierung im Einzugsgebiet der mittleren Mulde zu unscharf oder es sind nicht alle relevante Pfade des N-Eintrags für das Untersuchungsgebiet abgebildet. Ziel ist deshalb, mit Hilfe einer Modellkopplung, die auf vorhandenen bzw. modifizierten Modellen basiert, die Eintragssituation im Einzugsgebiet flächendeckend zu erfassen.

Da die Ergebnisse aus mesoskaligen Untersuchungen stets mit einigen Unsicherheiten behaftet und nur schwer zu verifizieren sind, werden Alternativberechnungen zur Schwankungsbreite der Eingangsdaten durchgeführt. Die Modellergebnisse an sich sind nur im Vergleich mit Ergebnissen anderer Arbeiten bzw. mit Pegeldaten zu überprüfen.

Untersuchungsgebiet

Das Einzugsgebiet der mittleren Mulde (2.700 km²) befindet sich im sächsischen Lößgefilde. Es nimmt den Raum zwischen dem pleistozänen, durch glaziale und fluvioglaziale Sedimente bestimmten Tiefland im Norden und dem Nordrand des Erzgebirges im Süden ein.

Das Untersuchungsgebiet gliedert sich in Naturräume mit Sandlöß, Lößparabraunerde und Lößpseudogley (vgl. Mannsfeld und Richter 1995) (Abb. 1). Teile des pleistozänen Tieflandes sowie Teile des Erzgebirgsbeckens und des Osterzgebirges sind in die Untersuchung eingeschlossen, um einen Vergleich der Pegeldaten zu ermöglichen.

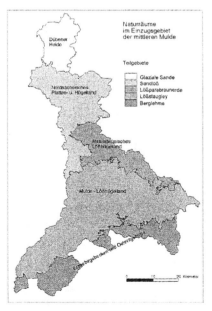

Abbildung 1.

Lage des Einzugsgebietes der mittleren Mulde und ihre Naturräume

Vorgehensweise

Um die Stickstoffeinträge in die Gewässer des Einzugsgebietes der mittleren Mulde zu quantifizieren,
müssen die relevanten Pfade des Austrags definiert
werden. Dabei müssen Punkt- von diffusen Quellen
unterschieden werden (Abb. 2). Im folgenden werden die Vorgehensweise und die Ergebnisse der
punktuellen Stickstoffausträge sowie der Stickstoffausträge über landwirtschaftliche Nutzflächen dargestellt. Zu berücksichtigen ist, dass es sich um ein
Abschätzung der Stickstoffausträge handelt, die
lediglich eine Größenordnung des Austrags bzw. die
Differenzen zwischen den Naturräumen wiedergeben
kann.

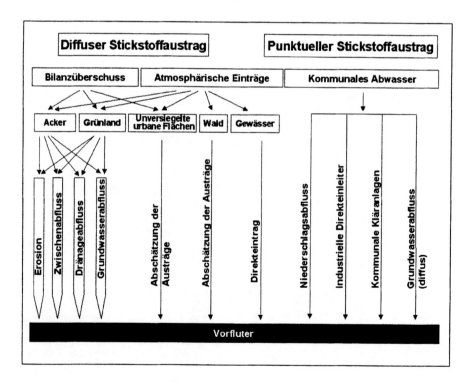

Abbildung 2.
Schema der Stickstoffeinträge in Gewässer

Diffuse Austräge

Ermittlung des Gesamtabflusses

Zur Ermittlung der Nährstoffflüsse müssen zunächst die Wasserflüsse im Einzugsgebiet untersucht werden. Es gibt zahlreiche Modelle zur Ermittlung des Gesamtabflusses (Renger und Strebel 1980, Renger et al. 1990, Bach 1987, Weinzierl 1990), der in der Regel als Differenz von Niederschlag und aktueller Verdunstung ermittelt wird. In dieser Arbeit wird der Gesamtabfluss mit dem Abfluss-Bildungs-Modell „ABIMO" der Bundesanstalt für Gewässerkunde (Glugla und Fürtig 1997) ermittelt, mit dem großräumige Berechnungen der mittleren jährlichen Gesamtabfluss- und Sickerwassermengen ermöglicht werden. ABIMO entwickelte sich zum Standardverfahren zur Prognose der Grundwasserneubildung in den Lockergesteinsgebieten Mitteldeutschlands (Herzog et al. 2001). Der Gesamtabfluß (R) ergibt sich aus der Differenz der langjährigen Mittel von Niederschlag (P) und aktueller Evapotranspiration (Et$_a$). Die aktuelle Evapotranspiration wird mit Hilfe eines modell-internen Verfahrens berechnet, das die Standorteinflüsse nach empirisch abgeleiteten Beziehungen in Relation zu den klimatischen Einflußfaktoren setzt (Effektivitätsparameter „n"). Folgende Datengrundlagen gehen in die Modellierung ein:

Modellierung des Gesamtabflusses mit ABIMO

Parameterwahl

- Hauptnutzungsform
- Niederschlag (Jahres- und Sommerwerte)
- Evapotranspiration (Jahres- und Sommerwerte)
- Bodenart (nFK-Wert abgeleitet)
- Ertragsklasse
- Versiegelungsgrad
- Grad der Regenwasserkanalisation

Ermittlung des Direktabflusses

Die Direktabflussanteile werden nach einem Verfahren von Röder (Bastian und Schreiber 1994) ermittelt. Grundlage des Verfahrens bilden Ergebnisse von Dörhöfer und Josopait (1980), die hohe Korrelationen zwischen dem Direktabflussanteil, der Reliefenergie und dem Grundwasserflurabstand nachwiesen. Die Abflussquotienten für verschiedene Hangneigungsstufen und Hydromorphiegrade sind in Tabelle1 beschrieben. Der Hydromorphiegrad wird aus dem Bodentyp bzw. der Bodenform abgeleitet.

Berechnung des Direktabfluss

Tabelle 1.

Ermittlung des Abflussquotienten anhand der Hangneigung und des Hydromorphiegrades

Hydro-morphiegrad	Hangneigung					
	0-0,5°	>0,5-3°	>3-7°	>7-12°	>12-25°	>25°
Terrestrisch	1,0	1,2	1,5	1,7	2,0	2,3
Halbhydromorph	2,0	2,0	2,0	2,0	2,3	2,3
Hyrodromorph	2,5	2,5	2,5	2,5	2,5	2,5

Mit Hilfe der Angaben in Tabelle 1 kann bei bekanntem Gesamtabfluss (A_{GES}) der Abflussquotient (Q_a) bzw. der Direktabflussanteil A_D bestimmt werden:

$$Q_a = A_{GES}/A_D$$

Der Direktabfluss A_D berechnet sich bei bekannten Abflussquotienten folgendermaßen:

$$A_D = A_{GES} - (A_{GES}/Q_A) \text{ in mm}$$

Ermittlung des Dränageabflusses

Der Anteil der Dränagen ist im Untersuchungsgebiet aufgrund der hohen Anteile an Stauwasserböden nicht zu vernachlässigen. Der Abfluss über Dränagen berechnet sich aus dem Anteil der Dränfläche sowie der Dränspende:

> **Dränabfluss = Dränfläche * Dränspende**

Zur Ermittlung des Dränflächenanteils wurden vorhandene Dränflächen in repräsentativen Gebieten auf Basis von Daten der ehemaligen Meliorationsbetriebe (1945-1989) digitalisiert. Bei der Übertragung der Ergebnisse auf das Gesamtgebiet wird nach der Methode von Behrendt et al. (1999) verfahren, die eine Übertragung des Dränflächenanteils anhand von Bodeneigenschaften vornehmen (Hammann 2000). Die Dränspende wird ebenfalls mit dem Modell ABIMO berechnet. Bei den dränierten Flächen wird angenommen, dass 70% des Sickerwassers über die Dräne abgeführt werden und der Rest dem Grundwasser zugeführt wird.

Erfassung des Dränabfluss

Stickstoffausträge über Grundwasserabfluss, Direktabfluss und Dränageabfluss

Zur Kopplung der Stickstoffkomponente an die Wasserflüsse muss neben der Grundwasserneubildung der Stickstoffbilanzüberschuss, die Denitrifikation im Boden und der Austauschfaktor berücksichtigt werden. Die Berechnung geht davon aus, dass die Böden im Gleichgewichtszustand stehen. In Anlehnung an die Formel nach Feldwisch et al. (1998) werden diese Faktoren einbezogen:

Kopplung der N-Flüsse

$$Ns = ((N_{BIL} - N_{DEN}) * AF / GWN) * 100$$

Ns = mittl. potenz. Nitratkonzentration i. Sickerwasser (mg/l)
N_{BIL} = Stickstoffbilanzüberschuss (kg N /ha * a)
NDEN = Denitrifikation (kg N /ha * a)
AF = Austauschfaktor
GWN = Grundwasserneubildung (mm)

Der Stickstoffsaldo wurde von Projektpartnern der MLU
Halle (Hülsbergen 2001) auf Basis von Daten der Ge-
meinde- und Kreisstatistik, der Ackerzahl und den atmo-
sphärischen Stickstoffeinträgen (Jahresmittelwerte 1995-
1997) ermittelt. Die Denitrifikation wird in Abhängigkeit vom Bodentyp abgeschätzt (Wendland 1992). Entsprechend ihres Anteils an den Abflusskomponenten
werden die Stickstofffrachten pfadbezogen abgeschätzt.

Ermittlung der punktuellen Einträge

*Punktuelle N-
Einträge in
die Gewässer*

Punktuell werden Stickstoffverbindungen aus Sied-
lungsbereichen über die Einleitungen des kommunalen
Abwassers eingetragen, welches sich aus häusli-
chem/industriellem Schmutzwasser, dem Niederschlags-
abfluss von versiegelten Flächen und dem Fremdwasser
zusammensetzt (Abb. 3). Die Stickstoffeinträge in die
Gewässer erfolgen unter Berücksichtigung der unterschiedlichen Eintragspfade über kommunale Kläranlagen, direkt über die Kanalisation, über Regenüberlauf-
bauwerke der Mischsysteme, über industrielle Direkt-
einleiterbetriebe sowie über die Trennkanalisation (Ullrich 2000).

Zur Ermittlung der durchschnittlichen Stickstoffbelastung des häuslichen Schmutzwassers wird eine spezifische Stickstoffabgabe pro Einwohner und Tag von
durchschnittlich 11 g angenommen (ATV 1991).
Statistische Daten zum Anschlussgrad der Bevölkerung
an die öffentliche Kanalisation und kommunale Abwasserbehandlungsanlagen sowie Angaben zu Kläranlagen
wurden in der Untersuchung einbezogen.

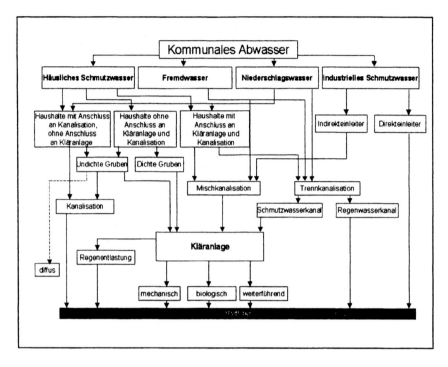

Abbildung 3.

Schema der punktuellen Stickstoffeinträge in Gewässer (n. Ullrich 2000)

Unter Berücksichtigung des Ausbaugrades ist die Stickstoffeliminierungsleistung der Kläranlage und die Einträge in die Gewässer über Kläranlagen berechnet worden. Für Einwohner, die weder an eine Kläranlage noch an die Kanalisation angeschlossen sind, werden die Anschlussgrade der Bevölkerung (auf Gemeindeebene) an abflusslose oder undichte Gruben ermittelt. Die in abflusslosen Gruben anfallenden Stickstoffmengen werden zu 100 % einer Abwasserbehandlungsanlage zugeführt. Bei undichten Gruben werden 2 g N pro Einwohner (E) und Tag (d), die in den abgeführten Schlämmen enthalten sind, in die Kläranlagen übergeführt. Die restlichen 9 g N/E/d liegen in gelöster Form vor und gelangen

Kläranlagen und Anschlussgrade

diffus durch Versickerung in den Untergrund (Behrendt et al. 1999). Für an die Kanalisation, aber nicht an Kläranlagen angeschlossene Bevölkerung gelten die gleichen Berechnungsverfahren wie bei den undichten Gruben, da diese in der Regel auch eine Grube zwischengeschaltet haben. Das Schmutzwasser gelangt hier über die Kanalisation punktuell in die Vorflut.

Industrielle
Einleiter

Abgeschätzt werden muss ebenfalls der Stickstoffeintrag durch industrielle Indirekteinleiter in die Abwasserbehandlungsanlagen. Dieser kann aus der Differenz der angegebenen Auslastung der Kläranlagen und den angeschlossenen Einwohnern berechnet werden.

Einträge
durch Nieder-
schlagsabfluss

Die Einträge des Niederschlagsabflusses wurden auf Grundlage der Stickstoffdeposition auf urbane versiegelte Flächen sowie deren Versiegelungsgrad und Anschluss an die Kanalisation bestimmt. Die Ermittlung der Einträge des Fremdwasserzuflusses erfolgt unter Annahme eines mittleren Fremdwasserzuflusses von 26% der insgesamt in Kläranlagen behandelten Abwassermenge in die Anlagen und unter Verwendung der durchschnittlichen Stickstoffbelastung des Grundwassers im Gebiet von 25 mg/l (Statistisches Landesamt des Freistaates Sachsen 1998).

Ergebnisse

Einträge über punktuelle Quellen

Insgesamt werden punktuell ca. 2.357 t Stickstoff jährlich in die Flüsse des Untersuchungsgebietes eingetragen. Der punktuelle Haupteintrag von über 50 % (1.250 t/a) des Gesamteintrages erfolgt über kommunale Kläranlagen, gefolgt von den industriellen Direkteinleitern und den Regenüberläufen zu gleichen Anteilen von jeweils ca. 20 % (462 t/a und 444 t/a).

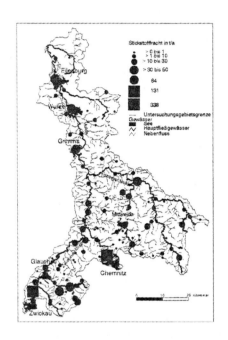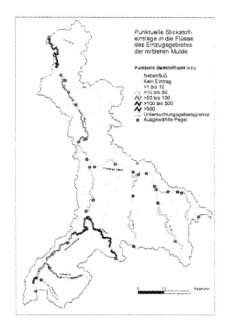

Abbildung 4.
Stickstoffeintrag aus kommunalen Abwasserbehandlungsanlagen 1998/99

Abbildung 5.
Punktuelle Einträge in die Hauptgewässer der mittleren Mulde

In Abhängigkeit von der Siedlungsstruktur zeigt sich ein räumlich differenziertes punktuelles Eintragsgeschehen (Abb. 4 und 5). Verdichtete Siedlungsbereiche, wie die Städte Chemnitz und Zwickau, treten durch erhöhte Einträge deutlich hervor. Des weiteren wird deutlich, dass die Zwickauer Mulde wesentlich stärker durch punktuelle Einleitungen beansprucht wird als Freiberger und Vereinigte Mulde, da ihr fast

Ergebnisse:
punktuelle
Einträge

die gesamten Abwässer des verdichteten Raumes (Chemnitz, Zwickau) zugeführt werden. Die Kläranlagen Chemnitz-Heinersdorf und Zwickau tragen mit über 300 t/a bzw. über 100 t/a zum punktuellen Stickstoffeintrag bei. Beide Kläranlagen werden seit den 90er Jahren mit einer weiterführenden Stickstoffeliminierung ausgestattet, die den Stickstoffeintrag in die Zwickauer Mulde erheblich reduzierte. Alle anderen Kläranlagen liegen bei einem Stickstoffeintrag von unter 100 t/a.

Einträge über diffuse Quellen

N-Austrag aus Acker und Grünland 80er/90er Jahre

Im folgenden werden die N-Austräge aus der Bodenzone für Acker- und Grünlandflächen dargestellt. Zur Ermittlung der Einträge in die Gewässer muss zusätzlich die N-Reduzierung in der Dränzone unterhalb der durchwurzelten Bodenzone und im Grundwasser berücksichtigt werden.

Die Stickstoffausträge aus der Bodenzone betragen insgesamt 8050 t pro Jahr für die 80er Jahre und 2815 t pro Jahr für die 90er Jahre. Abbildung 6 zeigt deren Aufteilung auf die Abflusskomponenten. Den höchsten Anteil hat der Austrag aus der Bodenzone in das Grundwasser und – bei geringer Denitrifikation im Grundwasser (Wendland und Kunkel 1999) – damit der Austrag über das Grundwasser in die Oberflächengewässer. Wegen der bekannten zeitlichen Verzögerung des Stickstoffaustrages aus dem Grundwasser, die Jahrzehnte oder länger dauern kann, ist ein Rückgang der Austräge über diesen Pfad erst in den kommenden Jahrzehnten zu erwarten.

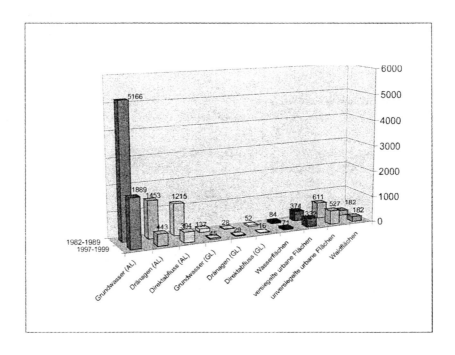

Abbildung 6.
Diffuse Stickstoffausträge im Einzugsgebiet der mittleren Mulde, Jahresmittelwerte 1982-1989 und 1997-1999 im Vergleich [t] (Al = Ackerland, GL = Grünland).

Hoch sind auch die Stickstoffausträge über den Dränabfluss (Abb. 7) und den Direktabfluss ohne Dränabfluss (Abb. 9) von Landwirtschaftsflächen. Hierbei ist eine deutliche Austragsminderung für die 90er Jahre gegenüber den 80er Jahren feststellbar.

Abbildung 8 zeigt die regionale Differenzierung der Stickstoffeinträge in das Grundwasser und damit die sensiblen Bereiche für die landwirtschaftlich genutzten Flächen. Diese befinden sich in Gebieten mit durchlässigen Böden und in Gemeinden mit hohen Stickstoffbilanzüberschüssen.

Regionale
Differenzierung
der N-Austräge

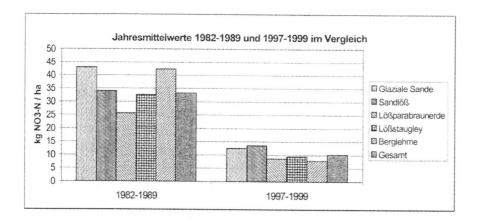

Abbildung 7.

Stickstoffaustrag über Dränagen der 80er und 90er Jahre auf dränierten Flächen

Alternativrechnungen zum Gesamtabfluss und N-Austrag

Alternative Ableitung von Modellparametern

Bei den Berechnungen zum Gesamtabfluss mit dem Modell ABIMO (Glugla und Fürtig 1997) wurden zwei Eingangsdaten – mittlerer Jahresniederschlag und nutzbare Feldkapazität (nFK) – modifiziert. Dabei wurde die nFK nach einer weiteren Variante abgeleitet, die deutlich unterschiedliche Ergebnisse brachte (im Schnitt eine Abweichung von 35 mm zur Referenzrechnung, das entspricht 15 %). Der Jahresniederschlag wurde entsprechend der Fehlerangabe der Datensätze (Wendland und Kunkel 1998, 38) um $^+/-7$ % variiert. Dies entspricht im Schnitt einer Abweichung von 52 mm von der Referenzrechnung. Bei der Berechnung des N-Austrags wurden die Eingangsdaten N-Saldo, mittlerer Jahresniederschlag sowie die Feldkapazität (FK) variiert. Für die Eintragssituation der 80er Jahre wurde ein mittlerer Stickstoffsaldo von 94 kg ha^{-1} a^{-1} ermittelt, für die 90er Jahre wurden 42 kg ha^{-1} a^{-1} kalkuliert (Hülsbergen und Abraham 2001).

In der Regel wird bei der Ermittlung des Stickstoff-
saldos die atmosphärische Deposition, die erst in
neueren Studien quantifiziert werden konnte
(Mehlert 1996), nicht berücksichtigt. Sie wird im
Schnitt mit 30 kg ha^{-1} a^{-1} kalkuliert (Franko et al.
2001); dieser Betrag wird als Variantenrechnung
dem Stickstoffsaldo hinzuaddiert. Bei dem Niederschlag und der Feldkapazität werden die bei der
Wasserhaushaltsmodellierung angenommen Fehler-
breiten berücksichtigt.

Als Ergebnis der Alternativrechnungen zum Gesamtabfluss ergab sich, dass bei Veränderung der
Feldkapazität nur ein geringer Unterschied der Ergebnisse (im Schnitt: 6 mm/a) zur Ausgangsrech-
nung vorlag. Das Modell reagiert somit auf das Ein-
gangsdatum nutzbare Feldkapazität nicht sehr stark.
Bei Verringerung der Niederschlagswerte um $^{+}$/-7 %
zeigen die Ergebnisse eine mittlere Abweichung von
immerhin 43 mm/a (19 %) bzw. bei Erhöhung um
$^{+}$/-7 % ein Abweichung von 45 mm/a (20 %). Der
hohe Einfluss der Veränderungen beim Niederschlag
und die recht geringen Unterschiede bei Veränderung der Werte für die nutzbare Feldkapazität werden auch durch Untersuchungen mit anderen Modellen bestätigt (Kersebaum und Wenkel 1998).

*Ergebnisse der
Alternativrech-
nungen zum
N-Austrag*

Bei den Alternativrechnungen zum N-Austrag zeigten sich bei Veränderung der Feldkapazität und der
Niederschlagswerte eine mittlere Abweichung von
unter 10 %. Auch hier zeigt die Veränderung der
Bodenparameter mit ca. 5 % höheren Austragswer-
ten einen geringeren Einfluss als die der Niederschlagswerte mit ca. 10 % Abweichung.

*Bedeutung der
atmogenen
Deposistion*

Die Erhöhung der Stickstoffsalden um 30 kg ha^{-1} a^{-1}
stellt die größte Abweichung der Eingangsdaten dar.

Es ergibt sich damit eine Erhöhung der N-Salden um
32 % (80er Jahre) und 71 % (90er Jahre). Die Stick-
stoffaustragswerte erhöhten sich bei diesen Parallel-
rechnungen um 72 % und 105 %, d.h., dass hier der
N-Austrag um über zwei Drittel (80er Jahre) bzw.
sogar um gut das Doppelte (90er Jahre) zunimmt.
Der überproportionale Anstieg der N-Austräge ist
vor allem mit der prozentualen Abnahme der De-
nitrifikationskapazität bei zunehmenden Stickstoffeinträgen zu erklären.

*Unsicherheiten
der N-Fluß-
Modellierung in
mesoskalign
Einzugsgebieten*

Durch die Alternativberechnungen kann gezeigt
werden, dass an den Eingangswert Stickstoffsaldo
bei der Modellierung der N-Austräge besondere
Ansprüche hinsichtlich der Genauigkeit gestellt
werden müssen. Aufgrund der hohen Schwankungs-
breiten bei der Ableitung dieses Parameters und vor
allem der unsicheren Quantifizierung der atmogenen
Deposition ist die Modellierung des N-Austrags
derzeit allerdings noch mit hohen Unsicherheiten
behaftet. Die Installation von Messeinrichtungen in
unterschiedlichen Naturräumen sowie unter unter-
schiedlichem Fruchtartenanbau ist unabdingbar, um
diese Eintragsgröße flächendeckend bestimmen zu
können.

Fazit

Trotz der hohen Stickstoffbelastung der Mulde und
des bereits in den 80er Jahren erkannten Handlungs-
bedarfs durch die Nordseeschutzkonferenz sind die
Stickstoffkonzentrationen der Mulde gleichbleibend
hoch. Das von LAWA und UBA aufgestellte Ziel
von 3 mg/l Gesamtstickstoff wird weiterhin um über
100 % überschritten.

Stickstoff gelangt auf verschiedenen Pfaden in die Gewässer, die unterschiedlich lange Aufenthaltszeiten aufweisen. So werden die punktuellen und die Einträge über Dränagen schnell in das Gewässer eingetragen.

Die Bedingungen für punktuelle Stickstoffeinträge sind seit der Wiedervereinigung Deutschlands durch Erhöhung des Anschlussgrades der Bevölkerung an die öffentliche Abwasserentsorgung, Neubau und Sanierung von Abwasserbehandlungsanlagen und durch den strukturellen Wandel im Bereich der Industrie zwar deutlich verbessert worden, jedoch ist kein spürbarer Rückgang der Stickstoffbelastung im Gewässer zu verzeichnen. Zwar sind die Ammoniumwerte durch die verbesserte Sauerstoffversorgung der Gewässer deutlich gefallen, die Gesamtstickstoffbelastung ist jedoch auf gleichem Level geblieben. Dies liegt v.a. an dem zusätzlichen Anteil der Bevölkerung, die nun an die öffentliche Abwasserentsorgung angeschlossen ist. Hier ist eine Reduzierung der diffusen Einträge in den Boden durch undichte Gruben zwar gegeben, sie macht sich aber derzeit in den Gewässern kaum bemerkbar, da diese erst nach langen Verweilzeiten im Untergrund und nach Reduzierung durch Um- und Abbauprozesse in die Gewässer gelangen. Somit bewirken Kläranlagen kurzfristig nicht bei Neubau, sondern nur bei Ausbau einer weiteren Klärstufe eine Entlastung der Gewässer. Langfristig sind jedoch Effekte durch Reduzierung der diffus in den Untergrund gelangenden Einträge zu erwarten. Durch Reduzierung des Stickstoffbilanzüberschusses wird über landwirtschaftliche Flächen der Austrag langfristig zurückgehen. Die Stickstoffbelastung des Sickerwassers hat sich innerhalb von 10 Jahren deutlich reduziert.

Möglichkeiten zur Reduzierung von punktuellen und diffusen N-Einträgen

Der Grundwasserpfad stellt die mengenmäßig größte
Abflusskomponente dar. Durch die langen Verweilzeiten wirkt sich eine Reduzierung der Stickstoffbelastung des Sickerwassers erst langfristig auf die
Gewässergüte aus. Allerdings sind immer noch Gebiete mit hohen Stickstoffbilanzüberschüssen vorhanden, deren naturräumliche Ausstattung keinen
ausreichenden Abbau des Stickstoffs leisten kann.
Eine weitere deutliche Reduzierung des Überschus-
ses, der an die naturräumlichen Bedingungen angepasst ist, ist wesentliche Voraussetzung für eine
Verbesserung der Gewässergüte.

Die Einträge über Dränagen gelangen nach der Bo-
denpassage über Dränagerohre direkt in die Vorflut.
Eine Reduzierung der Stickstoffbilanz-Überschüsse
macht sich hier schon innerhalb von kurzen Zeit-
räumen bemerkbar, die Einträge in die Gewässer
durch diesen Pfad konnten deutlich gesenkt werden.

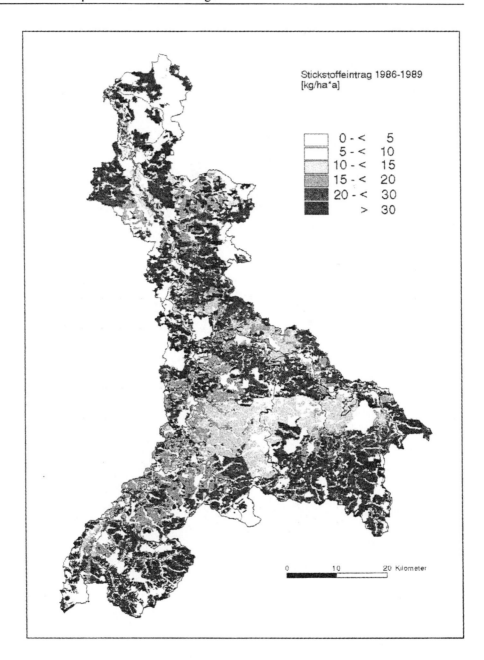

Abbildung 8a.

Stickstoffeintrag in das Grundwasser im Einzugsgebiet der mittleren Mulde: Mittlere Jahreswerte für die Periode 1986-1989 (kg ha^{-1} a^{-1})

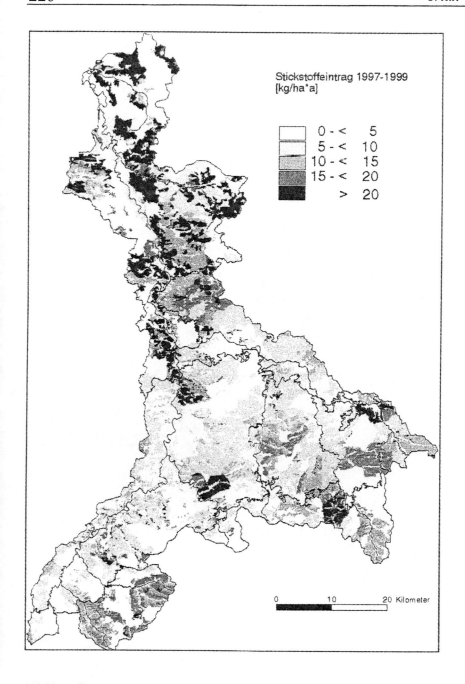

Abbildung 8b.

Stickstoffeintrag in das Grundwasser im Einzugsgebiet der mittleren Mulde: Mittlere Jahreswerte für die Periode 1997-1999 (kg ha^{-1} a^{-1})

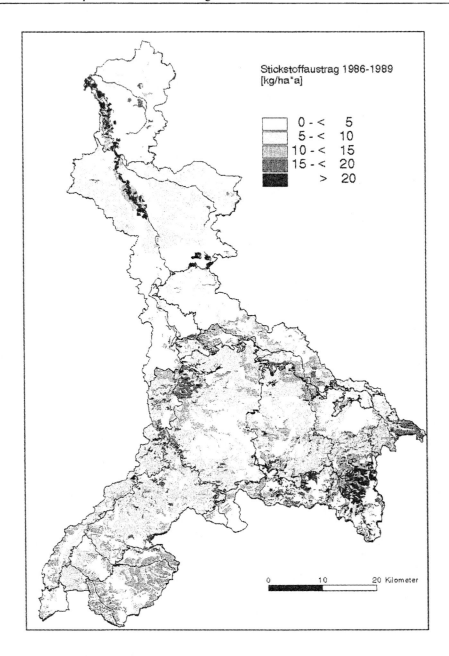

Abbildung 9a.

Stickstoffaustrag über den Direktabfluss (abzüglich Dränabfluss) im Einzugsgebiet der mittleren Mulde für die Periode 1986-1989 (kg ha^{-1} a^{-1})

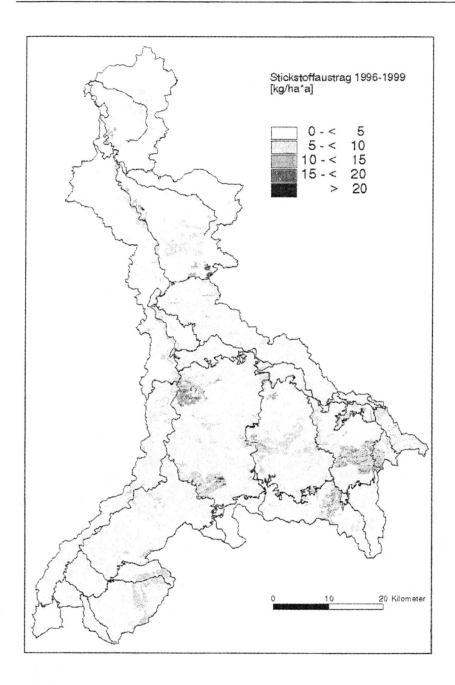

Abbildung 9b.
Stickstoffaustrag über den Direktabfluss (abzüglich Dränabfluss) im Einzugsgebiet der mittleren Mulde für die Periode 1996-1999 (kg ha^{-1} a^{-1})

Literatur

ATV (1991) ATV-Regelwerk, A-131, Bemessung von einstufigen Belebungsanlagen ab 5.000 EW. St. Augustin

Bach M (1987) Die potentielle Nitrat-Belastung des Sickerwassers durch die Landwirtschaft in der Bundesrepublik Deutschland. In: Göttinger Bodenkundliche Berichte, 93: 186 S.; Göttingen

Bastian O, Schreiber KF [Hrsg] **(1994)** Analyse und ökologische Bewertung der Landschaft, G. Fischer Verlag: Jena, Stuttgart

Behrendt H, Huber P, Ley M, Opitz D, Schmoll O, Scholz G, Uebe R (1999) Nährstoffbilanzierung der Flussgebiete Deutschlands. Institut für Gewässerökologie und Binnenfischerei im Forschungsverbund Berlin; Umweltforschungsplan des Bundesministers für Umwelt, Naturschutz und Reaktorsicherheit, Forschungsvorhaben Wasser, Forschungsbericht 296 25 515: Berlin

Dörhöfer G, Josopait G (1980) Eine Methode zur flächendifferenzierten Ermittlung der Grundwasserneubildungsrate. Geologisches Jahrbuch C 27, 45-65

Feldwisch N, Frede HG, Hecker F (1998) Verfahren zum Abschätzen der Erosions- und Auswaschungsgefahr. In: Frede H G, Dabbert S [Hrsg]: Handbuch zum Gewässerschutz in der Landwirtschaft, Landsberg, 50-57

Franko U, Schmidt T, Volk M (2001) Modellierung des Einflusses von Landnutzungsänderungen auf die Nitrat-Konzentration im Sickerwasser. In: Horsch H, Ring, I, Herzog F: Nachhaltige Wasserbewirtschaftung und Landnutzung: 147-163. Marburg (Metropolis)

Gebel M (1999) Entwicklung und Anwendung des Modells N-BILANZ zur Quantifizierung von Stickstoffeinträgen in mesoskaligen Flusseinzugsgebieten. Diss. Univ. Dresden; 155 S. Dresden

Glugla G, Fürtig G (1997) Dokumentation zur Anwendung des Rechenprogrammes ABI-MO. Bundesanstalt für Gewässerkunde, Berlin

Hammann T (2000) Entwässerungssysteme landwirtschaftlicher Nutzflächen und deren Wirkung auf den Nitrataustrag in Abhängigkeit von den Bodenformen im Einzugsgebiet der mittleren Mulde; unveröffentl. Diplomarbeit, Uni Trier

Herzog F, Kunze J, Weiland M, Volk M (2001) Modellierung der Grundwasserneubildung im Lockergesteinsbereich Mitteldeutschlands. Wasser & Boden 53 (3): 32-36

Hülsbergen KJ, Abraham J (2001) Stickstoffbilanz auf Gemeindeebene für das Land Sachsen, erhoben aus Daten der Gemeinde- und Kreisstatistik für die Jahre 1997-1999 (unveröffentlicht)

Mannsfeld K, Richter H (1995) Naturräume in Sachsen. Forschungen zur dt. Landeskunde 238, Trier.

Statistisches Landesamt des Freistaates Sachsen [Hrsg] **(1998)** Öffentliche Wasserversorgung und Abwasserbeseitigung im Freistaat Sachsen 1995, Statistische Berichte, Kamenz

Mehlert S (1996) Untersuchungen zur atmogenen Stickstoffdeposition und zur Nitratverlagerung. Bestimmung verschiedener Formen der atmogenen Stickstoffdeposition und Untersuchungen zur Nitratverlagerung in Schwarzerdeböden mit unterschiedlichen Norg- und Corg-Gehalten mittels der 15N-Isotopentracermethode. UFZ-Bericht 22: 1-154

Kersebaum KC, Wenkel K-O (1998) Modelling water and nitrogen dynamics at three different spatial scales – influence of different data aggregation levels on simulation results. Nutrient Cycling in Agroecosystems 50, 313-319

Renger M, Strebel O (1980) Jährliche Grundwasserneubildung in Abhängigkeit von Bodennutzung und Bodeneigenschaften. Wasser und Boden 32 (8), 362-366.

Renger M, Wessolek G, König R, Fahrenhorst C, Swarties F, Kaschanian B (1990) Modelle zur Ermittlung und Bewertung von Wasserhaushalt, Stoffdynamik und Schadstoffbelastbarkeit in Abhängigkeit von Klima, Bodeneigenschaften und Nutzung. Endbericht zum BMFT-Projekt 0374343, Univ. Berlin, Inst. f. Ökologie

Ullrich A (2000) Quantifizierung der punktuellen Stickstoffeinträge im Einzugsgebiet der mittleren Mulde; unveröffentl. Diplomarbeit, Uni Halle

Umweltbundesamt (2001) Deutscher Umweltindex: Wasser (http://www.umweltbundesamt.de/dux/wasser)

Weinzierl W (1990) Grundwasserneubildung aus Niederschlag - Bodenkarte von Baden-Württemberg 1:25.000, Auswertungskarte, Blatt Nr. 6417 Mannheim-Nordost; Freiburg i.Br

Wendland F (1992) Nitrat im Grundwasser der „alten" Bundesländer. Berichte aus der Ökologischen Forschung 8, Jülich

Wendland F, Kunkel R (1999) Das Nitratabbauvermögen im Grundwasser des Elbeeinzugsgebietes: Analyse von Wasserhaushalt, Verweilzeiten und Grundwassermilieu im Flußeinzugsgebiet der Elbe (deutscher Teil), Abschlußbericht. Schriften des Forschungszentrums Jülich. Reihe Umwelt, Bd. 13. Jülich

Wendland F, Kunkel R (1998) Der Landschaftswasserhaushalt im Flusseinzugsgebiet der Elbe. Verfahren, Datengrundlagen und Bilanzgrößen. Analyse von Wasserhaushalt, Verweilzeiten und Grundwassermilieu im Flusseinzugsgebiet der Elbe. Schriften des Forschungszentrums Jülich 12, 1-110

Werner W, Wodsack H-P [Hrsg] (1994) Stickstoff- und Phosphateintrag in Fließgewässer Deutschlands unter besonderer Berücksichtigung des Eintragsgeschehens im Lockergesteinsbereich der ehemaligen DDR. Agrarspectrum Schriftenreihe der agrar-, Forst-, Ernährungs-, Veterinär- und Umweltforschung e.V., 22, 1-243

Stichwortverzeichnis

Die Autoren

Mengistu Abiy

studierte an der Technischen Universität Dresden Forstwissenschaften; dort Promotion 1998 am Institut für Bodenkunde und Standortslehre („Standorts-kundliche und hydrochemische Untersuchungen in zwei Wassereinzugsgebieten des Osterzgebirges"). Seit Ende 1996 ist er im gleichnamigen Institut als wissenschaftlicher Mitarbeiter beschäftigt.

✉ Dr. Mengistu Abiy,
Institut für Bodenkunde und
Standortslehre, TU Dresden,
Postfach 1117,
D-01735 Tharandt
✆ abiy@forst.tu-dresden.de

Martin Armbruster

studierte an der Universität Freiburg Geographie/ Fachrichtung Hydrologie; dort Promotion 1998 am Institut für Bodenkunde und Waldernährungslehre. Von 1999 bis 2000 war er Wissenschaftlicher Mitarbeiter am Lehrstuhl für Bodenökologie der Universität Bayreuth (BITÖK). Seit Oktober 2000 ist er wissenschaftlicher Mitarbeiter am Institut für Bodenkunde und Standortslehre der TU Dresden. Schwerpunkt seiner Arbeiten sind Untersuchungen zu Wasser- und Stoffhaushalt bewaldeter Einzugsgebieten.

✉ Dr. Martin Armbruster,
Institut für Bodenkunde und
Standortslehre, TU Dresden,
Postfach 1117,
D-01735 Tharandt
✆ Martin.Armbruster@
forst.tu-dresden.de

Karl-Heinz Feger

Studium der Geographie (Fachrichtung Hydrologie) an der Universität Freiburg i.Br.; dort Promotion 1986 am Institut für Bodenkunde und Waldernährungslehre und Habilitation 1992 („Bedeutung von ökosysteminternen Umsätzen und Nutzungseingriffen für den Stoffhaushalt von Waldökosystemen"). Als Privatdozent 1992 – 1998 Leiter verschiedener Forschungsprojekte (u.a. Verbundprojekt ARINUS), dazwischen Lehrstuhlvertretungen in Bochum und Hohenheim. Seit 1.4.2000 Berufung auf die Professur für Standortslehre und Pflanzenernährung an der TU Dresden (Fakultät für Forst-, Hydro- und Geowissenschaften).

✉ Prof. Dr. Karl-Heinz Feger,
Institut für Bodenkunde und
Standortslehre, TU Dresden,
Postfach 1117,
01735 Tharandt
✆ fegerkh@forst.tu-dresden.de

Dagmar Haase

[✉] Dr. Dagmar Haase
UFZ-Umweltforschungs-
zentrum Leipzig-Halle GmbH,
Sektion Angewandte
Landschaftsökologie,
Postfach 2, D-04301 Leipzig
✆ haase@alok.ufz.de

Studium der Geographie, Geologie und Botanik an der Martin-Luther-Universität Halle-Wittenberg, Promotion am Institut für Geographie der Universität Leipzig zu Fragen der Bodenfunktionalität in Auen. Seit 2000 am UFZ in der Sektion Angewandte Landschaftsökologie tätig. Forschungsschwerpunkte im Bereich Landschaftshaushalt und -funktionalität (Retention, Hochwasserrückhalt), Landnutzungswandel in mesoskaligen Einzugsgebieten und urbanen Landschaften.

Joachim W. Härtling

[✉] Prof. Dr. Joachim W.
Härtling
Universität Osnabrück
Kultur- und Geowissen-
schaften, Fachrichtung
Geographie
Seminarstraße 20
D-49069 Osnabrück
✆ jhaertli@uos.de

ist Master of Science (Physical Geography, Kingston, Kanada) und promovierter Geograph. Seit Februar 2001 hat er den Lehrstuhl für Physische Geographie an der Universität Osnabrück inne. Seine Forschungsschwerpunkte liegen im Übergangsbereich Wasser – Boden – Sedimente in ihrer Verknüpfung mit Umweltschutz und Umweltplanung. Seine jüngsten For-schungsarbeiten beschäftigen sich mit natürlichen und anthropogenen Umweltveränderungen in Vergangenheit und Gegenwart, der Regionalisierung von geoökologischen Daten und der Entwicklung und Umsetzung von Bewertungsverfahren, Zielsystemen und Leitbildern in der ökologischen Planung.

Seit 1996 ist er im Vorstand der GUG, und zwar von 1996 bis 1998 als stellvertretender Vorsitzender und seit 1998 als Vorsitzender.

Bernd Hansjürgens

[✉]· Prof. Dr. Bernd
Hansjürgens
UFZ-Umweltforschungs-
zentrum Leipzig-Halle GmbH,
Sektion Ökonomie, Soziologie,
Recht, Postfach 2,
D-04301 Leipzig
✆ hansjuer@alok.ufz.de

Diplom-Volkswirt, Studium und Assistenz an der Philipps-Universität Marburg, 1995-1996 Gastaufenthalt am Centre for Studies of Public Choice in Fairfax, Virginia, U.S.A; 1998-1999 Mitglied der Forschungsgruppe „Rationale Umweltpolitik - rationales Umweltrecht" am Zentrum für Interdisziplinäre Forschung Bielefeld, seit 1999 Professur für Volkswirtschaftslehre, insbesondere Umweltökonomik, an der Martin-Luther-Universität Halle-Wittenberg und Leiter der Sektion Ökonomie, Soziologie und Recht am UFZ.

Ulrike Hirt

Studium der Geographie an der Johann Wolfgang Goethe-Universität in Frankfurt, - Promotion über „Regional differenzierte Abschätzung der Stickstoffeinträge aus punktuellen und diffusen Quellen in die Gewässer der mittleren Mulde" in Frankfurt (in Zusammenarbeit mit dem UFZ), - derzeit beschäftigt am UFZ Leipzig-Halle GmbH im BMBF-Projekt „Weiße Elster".

⌨ Dipl.-Geogr. Ulrike Hirt
UFZ-Umweltforschungs-
zentrum Leipzig-Halle GmbH,
Sektion Angewandte
Landschaftsökologie,
Postfach 2, D-04301 Leipzig
✆ hirt@alok.ufz.de

Arno Kleber

ist apl. Professor am Lehrstuhl für Geomorphologie der Universität Bayreuth. Die Schwerpunkte seiner Forschungen liegen auf den Gebieten Geomorphologie, Bodengeographie und Hydrogeographie. Thematisch stehen dabei paläoökologische Rekonstruktionen und die Zusammenhänge zwischen Relief, Boden und Wasserhaushalt bzw. Schadstoffbelastung im Vordergrund. Seine regionalen Schwerpunkte liegen in nordbayerischen Mittelgebirgen, im Westen der U.S.A., in Frankreich, Inneranatolien und der Russischen Ebene.

⌨ Prof. Dr. Arno Kleber,
Universität Bayreuth, Lehrstuhl
für Geomorphologie,
D-95440 Bayreuth.
✆ arno.kleber@uni-
bayreuth.de

Andreas Krein

ist seit 1997 wissenschaftlicher Mitarbeiter im Fach Hydrologie an der Universität Trier. Er promovierte im Jahr 2000 zum Thema „Stofftransportbezogene Varianzen zwischen Hochwasserwellen in kleinen Einzugsgebieten". Seine Forschungsschwerpunkte sind Abflussbildung und künstliche Hochwasserwellen.

⌨ Dr. Andreas Krein
Universität Trier, FB VI,
Hydrologie,
Universitätsring 15,
D-54286 Trier
✆ krein@uni-trier.de

Andreas Kurtenbach

studierte Angewandte Physische Geographie an der Universität Trier mit den Nebenfächern Hydrologie, Bodenkunde und Klimatologie. Seit August 1999 ist er wissenschaftlicher Mitarbeiter in der Abteilung Hydrologie der Universität Trier. Arbeitsschwerpunkte sind die Analyse der Skalenabhängigkeit von Abflussbildungs- und Stofftransportprozessen in Fließgewässern, die Untersuchung des schwebstoff- und sedimentgebundenen Schadstofftransports, die Charakterisierung der raumzeitlichen Dynamik des Stofftransports im Verlauf von Hochwasserereignissen, die Identifikation wichtiger Stoffquellen sowie die Entwicklung von Monitoringstrategien für Fließgewässer.

⌨ Dipl.-Geogr. Andreas.
Kurtenbach
Universität Trier, FB VI,
Hydrologie,
Universitätsring 15,
D-54286 Trier
✆ kurt6101@uni-trier.de

Carsten Lorz

Dr. Carsten Lorz
Universität Leipzig,
Institut für Geographie,
Johannisallee 19a,
D-04103 Leipzig
lorz@rz.uni-leipzig.de

studierte Geographie in Frankfurt/M., Leipzig und Tübingen. Von 1992 – 1995 Tätigkeit in einem privaten Planungsbüro in Darmstadt, seit 1995 am Institut für Geographie, Universität Leipzig als Wissenschaftlicher Mitarbeiter, 1999 Dissertation zur Boden- und Gewässerversauerung im Westerzgebirge, ab 1999 als Assistent beschäftigt. Die laufende Habilitation beschäftigt sich mit der Bedeutung geschichteter Böden. Arbeitsschwerpunkte sind Stoffhaushalt von Kleineinzugsgebieten, Bodengeographie und -genetik, Bodenschutz in der Planung sowie Geoarchäologie

Anna Mense-Stefan

Dipl.-Geogr. Anna Mense-Stefan
Goethestr. 6
D-55262 Heidesheim
A.Mense-Stefan@ geo.uni-mainz.de

Studium der Geographie, Geologie und Botanik an der Johannes Gutenberg-Universität Mainz. Seit 1993 Mitarbeiterin in der AG Rüstungsaltlasten von Prof. Dr. J. Preuß (Universität Mainz). 1997 Diplom, anschließend Projektarbeit in der AG Rüstungsaltlasten und im Hessischen Landesamt für Bodenforschung. 1998-2000 Stipendiatin des Graduiertenkollegs „Kreisläufe, Austauschprozesse und Wirkungen von Stoffen in der Umwelt" mit dem Dissertationsprojekt „Abschätzung standortdifferenzierter Sickerwasserraten in Hessen – Ein Beitrag zur Ermittlung von Stofffrachten aus dem Boden", an der Johannes Gutenberg-Universität

Steffen Möller

Dr. Steffen Möller
Institut für Geographische Wissenschaften,
Malteserstr. 74-100,
D-12249 Berlin
moeller@geog.fu-berlin.de

studierte in Trier Angewandte Physische Geographie und arbeitete von 1999 bis 2002 im Sonderforschungsbereich „Umwelt und Region" an der Universität Trier. Zu den Forschungsschwerpunkten zählen die räumlichen und zeitlichen Strukturen von Niederschlägen sowie Abflussbildungsprozesse in kleinen Einzugsgebieten. Seit Oktober 2002 arbeitet er im Bereich Physische Geographie an der Freien Universität Berlin.

Gerd Schmidt

Dr. Gerd Schmidt
UFZ-Umweltforschungszentrum Leipzig-Halle GmbH, Sektion Angewandte Landschaftsökologie, Postfach 2,
D-04301 Leipzig
gschmidt@suny.rz.ufz.de

1986-91 Studium der Geographie und Russischen Sprache, Martin-Luther-Universität Halle, 1988/89 Studienaufenthalt an der Staatlichen Universität Voronesh (Russland), 1991/92 Graduiertenstipendiat der Studienstiftung des Deutschen Volkes, wiss. Mitarbeiter am Institut für Geographie der

Martin-Luther-Universität, Sachbearbeiter Gewässerschutz beim Staatlichen Amt für Umweltschutz Halle/S., Promotion 1997, danach wiss. Mitarbeiter am Institut für Geographie der Martin-Luther-Universität, seit 2000 am UFZ-Umweltforschungszentrum Leipzig-Halle GmbH. Arbeitsschwerpunkte - Analyse und Bewertung des Wasser- und Stoffhaushaltes von Gewässereinzugsgebieten, Bewirtschaftungsplanung, Schwermetalldynamik in Altbergbaugebieten, Bodenversiegelung

Jörg Seegert

Studium der Forstwissenschaften an der Universität Freiburg und der Fachhochschule Hildesheim/ Holzminden in Göttingen mit Abschluss als Dipl.-Forst-Ing. (FH), anschließend Studium der Hydrologie/Wasserwirtschaft an der Universität Freiburg, der Technischen Universität Dresden und der University of Arizona in Tucson, USA, mit Abschluss als Dipl.-Hydrologe. Seit 1995 als freiberuflicher Ingenieurhydrologe und Gutachter tätig.

⌧ Dipl. Hydr. Jörg Seegert
Friedrichstr. 31,
D-01067 Dresden
✆ seegert@forst.tu-dresden.de

Uta Steinhardt

1983-1988 Studium der Geographie und Mathematik in Potsdam, 1991 Promotion zum Dr. rer. nat. mit einem Thema zur fernerkundungsbasierten Waldschadensforschung, 1994 - 2002 Arbeit am Umweltforschungszentrum Leipzig zu Fragen der Landschaftsbewertung, zu skalenspezifischen Arbeitsmethoden in der Landschaftsökologie sowie zur mesoskaligen Modellierung wassergebundener Stofftransportprozesse in der Landschaft, seit April 2002 Professur für Landschaftsökologie und Landnutzungsplanung an der Fachhochschule Eberswalde, Gründungsmitglied und Geschäftsführer der deutschen Regionalorganisation der International Association for Landscape Ecology (IALE)

⌧ Prof. Dr. Uta Steinhardt
Fachhochschule Eberswalde,
FB Landschaftsnutzung und Naturschutz,
Friedrich-Ebert-Straße 28,
D-16225 Eberswalde
✆ usteinhardt@fh-eberswalde.de

Wolfhard Symader

ist Professor für Hydrologie im Fachbereich Geographie/ Geowissenschaften an der Universität Trier. Zu seinen Forschungsschwerpunkten zählen Wasserkreislauf und Abflussbildungsprozesse.

⌧ Prof. Dr. Wolfhard Symader
Universität Trier, FB VI,
Hydrologie,
Universitätsring 15,
D-54286 Trier
✆ symader@uni-trier.de

Martin Volk

⊡ Dr. Martin Volk
UFZ-Umweltforschungszentrum
Leipzig-Halle GmbH, Sektion
Angewandte Landschafts-
ökologie,
Postfach 2, D-04301 Leipzig
⌐ volk@alok.ufz.de

Studium der Geographie an der Justus-Liebig-Universität Gießen, Studienaufenthalte an der University of Calgary, Kanada (1988) und an der ETH Zürich, Schweiz (1989), Teilnahme als wissenschaftlicher Mitarbeiter an Projekten zur Geosystemforschung in den Schweizer Alpen (1989 bis 1992), auf Spitzbergen (1990 und 1991) und in Südost-China (1993). Mitarbeiter in einem geotechnischen Ingenieurbüro (1993 bis 1995). Seit 1995 am UFZ in der Sektion Angewandte Landschaftsökologie als wissenschaftlicher Mitarbeiter tätig. Forschungsaufenthalt am USDA-ARS „Grassland, Soil & Water Laboratory" in Temple, Texas, USA (2001). Forschungsschwerpunkte im Bereich Landschaftshaushalt und Landschaftsentwicklung (Landschaftsmodelle), Systemforschung und mesoskalige Modellierung.

Mathias Weiland

⊡ Dipl.-Geogr. M. Weiland, LA
f. Umweltschutz Sachsen-Anhalt
PSF 200841, 06009 Halle/S.
⌐ Mathias.Weiland@
lau.mu.lsa-net.de

Dezernatsleiter in der Abteilung Wasserwirtschaft des Landesamtes für Umweltschutz Sachsen-Anhalt, Projektleiter für die Umsetzung der EU-Wasserrahmenrichtlinie im Koordinierungsraum (Einzugsgebiet) Saale stellung von Qualitätszustandsbericht für die Nordsee und das Wattenmeer und an der Entwicklung des trilateralen „Ecotarget" Konzepts. Zur Zeit koordiniert er die Arbeit des trilateralen Wattenmeerforums, ein unabhängiges Gremium in welchem alle Wattenmeer Interessengruppen vertreten sind und welches Szenarien für nachhaltige Entwicklung in der Wattenmeerregion aufstellen soll.

Peter Wycisk

⊡ Prof. Dr. Peter Wycisk
Fachgebiet Umweltgeologie,
Institut für Geologische
Wissenschaften, Martin-Luther-
Universität Halle-Wittenberg
Domstraße 5
06108 Halle (Saale)
⌐ wycisk@geologie. uni-
halle.de

ist Diplom-Geologe. Seit 1995 vertritt der die Fachrichtung Umweltgeologie an der Martin-Luther-Universität Halle-Wittenberg. Seit 1996 ist er Direktor des Universitätszentrums für Umweltwissenschaften (UZU) an der Martin-Luther-Universität Halle-Wittenberg. Seine Forschungsschwerpunkte umfassen Bewertungskonzepte zu Umweltfolgewirkungen der Bereiche Boden und Grundwasser sowie Umwelt- und Raumverträglichkeitsuntersuchungen zu geo-relevanten Vorhaben.

Seit 1996 gehört er dem Vorstand und Beirat der GUG an, seit 2000 ist er stellvertretender Vorsitzender der GUG.

GUG-Schriftenreihe
„Geowissenschaften + Umwelt"

Mit der Schriftenreihe „Geowissenschaften + Umwelt" schafft die GUG ein Diskussionsforum für Umweltfragestellungen mit geowissenschaftlichem Bezug, um zukunftsfähige Lösungen für bestehende und zukünftige Umweltprobleme aufzuzeigen. Die Bände greifen aktuelle Themen auf, die das Spannungsfeld Mensch, Natur und Gesellschaft betreffen.

Bisher erschienen:

Umweltqualitätsziele. Schritte zur Umsetzung.
Bandherausgeberin: GUG. Schriftleitung: Monika Huch und Heide Geldmacher.
161 S., 19 Abb., broschiert. 1997. ISBN 3-540-61212-2
Die Definition von Umweltqualitätszielen und ihre Umsetzung in die Praxis steht im Vordergrund dieses Bandes. Zunächst wird der logische Aufbau von Umweltzielsystemen sowie die Rolle von Dauerhaftigkeitsindikatoren diskutiert. Weitere Beiträge stellen bisherige Vorgehensweisen in der umwelt-geowissenschaftlichen Praxis vor.

GIS in Geowissenschaften und Umwelt
Bandherausgeberin: Kristine Asch.
173 S., 69 Abb., davon 41 in Farbe, 11 Tab., broschiert. 1999. ISBN 3-540-61211-4
Das große Spektrum möglicher GIS-Anwendungen in sehr unterschiedlichen Disziplinen und zu verschiedensten geowissenschaftlichen, umweltbezogenen Fragestellungen wird vorgestellt. Im Vordergrund steht nicht die Software, sondern die konkrete arbeitstägliche Anwendung in der Planung und in der geowissenschaftlichen Praxis.

Ressourcen-Umwelt-Management. Wasser. Boden. Sedimente.
Bandherausgeberin: GUG. Schriftleitung: Monika Huch und Heide Geldmacher.
243 S., 64 Abb., 34 Tab., broschiert. 1999. ISBN 3-540-64523-3
In je vier Beiträgen geht es um Wassermanagement, die Belastung sowie die Verwertung von Boden und Flußsedimenten. Breiten Raum nimmt der Umgang von Baggergut in Deutschland sowie dessen Nutzung ein.

Rekultivierung in Bergbaufolgelandschaften.
Bodenorganismen, bodenökologische Prozesse und Standortentwicklung
Bandherausgeber/innen: Gabriele Broll, Wolfram Dunger, Beate Keplin, Werner Topp.
306 S., 75 Abb., 4 Tafeln, davon 2 in Farbe, 71 Tab., broschiert. 2000.
ISBN 3-540-65727-4
Der aktuelle Stand langjähriger Rekultivierungspraxis und die Ergebnisse zu mikrobiologischen, zoologischen, pflanzenökologischen und geowissenschaftlichen Forschungen, die auch auf andere Anwendungsbereiche übertragbar sind, wird ausführlich und mit gutem Bildmaterial dokumentiert.

Bergbau und Umwelt. Langfristige geochemische Einflüsse.
Bandherausgeber: Thomas Wippermann.
238 S., 87 Abb., davon 2 in Farbe, 40 Tab., broschiert. 2000. ISBN 3-540-66341-X
Langfristige geochemische Reaktionen spielen im humiden mitteleuropäischen Klima als Spätfolge von Bergbau vor allem aufgrund der durch Pyritverwitterung beeinflußten Versauerung eine große Rolle.

Umwelt-Geochemie in Wasser, Boden und Luft.
Geogener Hintergrund und anthropogene Einflüsse
Bandherausgeberin: GUG. Schriftleitung: Monika Huch und Heide Geldmacher.
234 S., 68 Abb., 23 Tab., broschiert. 2000. ISBN 3-540-67440-2
Die Beiträge dieses Bandes decken ein weites Spektrum geochemischer Prozesse ab, die in der Luft, in Gewässern, in Böden und Sedimenten relevant sind und sich z.T. ge-genseitig bedingen.

Im Einklang mit der Erde. Geowissenschaften für die Gesellschaft
Bandherausgeber: Monika Huch, Jörg Matschullat und Peter Wycisk
228 S., 62 Abb., 16 Tab., broschiert, ISBN 3-540-42227-7
Ausgehend von Überlegungen, wohin sich die zukünftige Umweltforschung orientieren wird, geben die Beiträge des Bandes aktuelle Einschätzungen über den momentanen Stand ausgewählter Forschungsrichtungen im geowissenschaftlichen Umweltbereich.

Bodenmanagement.

Bandherausgeber: Bernd Cyffka und Joachim W. Härtling

215 S., 37 Abb., 14 Tab., broschiert, ISBN 3-540-42369-9

Zu einem handlungsorientierten Bodenmanagement gehören neben rechtlichen Vorgaben und fachlichen Informationen über die Beschaffenheit der Böden und deren Darstellung auch konfliktmindernde Strategien. Die Beiträge des Bandes greifen die verschiedenen Aspekte aus der jeweiligen Praxis auf.

Umweltziele und Indikatoren.
Wissenschaftliche Anforderungen an ihre Festlegung und Fallbeispiele.

Bandherausgeber: Hubert Wiggering und Felix Müller

Schriftleitung: Monika Huch

651 S., 47 Abb., 32 Tab., broschiert, ISBN 3-540-43307-4

Politik-, Natur- und Wirtschaftswissenschaftler stellen die Theorie der Herleitung von Umweltindikatoren dar, die zukünftig für umweltrelevante Aktivitäten im EU-Raum verbindlich sein werden, und geben in Fallbeispielen Anwendungsmöglichkeiten.

Bernd Cyffka und Joachim W. Härtling (Hrsg.)

Bodenmanagement

215 S., 37 Abb., 14 Tab., Broschur.
Geowissenschaften + Umwelt.
Springer-Verlag Berlin. ISBN 3-540-42369-9

Lassen sich die vielfältigen Nutzungsansprüche an den Boden,
von und auf dem wir leben, vereinbaren?
Seit fast zwei Jahrzehnten entwickelt die Konfliktforschung fachübergreifend
– nicht nur im Bodenschutz und in der Altlastenbewältigung –
Handlungsempfehlungen zur Konfliktregelung und Entscheidungsfindung.
Die Geographin Silvia Lazar zeigt Lösungsansätze auf.

Die Altlastenproblematik führte dazu, dass nach dem gesetzlichen Schutz
für die Umweltmedien *Wasser* (bereits in den 50er Jahren) und *Luft* (in den
70er Jahren) mit der Verabschiedung des Bundes-Bodenschutzgesetzes
Anfang 1998 nun auch diese seit langem erkannte Rechtslücke geschlossen
wurde. Der Jurist Wilhelm König stellt das Bodenschutzgesetz im Kontext
eines „Management(s) von Böden" vor.

Erst mit Hilfe leistungsfähiger Computer sind große Datenmengen
sinnvoll zu manövrieren. Hans J. Heineke und seine Kollegen erstellten mit
dem Niedersächsischen Bodeninformationssystem NIBIS
ein Methodenmanagementsystem zur systematischen landesweiten Nutzung
vorliegender Daten und Methoden.
Als Grundlage dienen unter anderem Bodenbewertungen in Form von Karten,
wie sie Stefanie Kübler von der Freien Universität
auch im Zusammenhang von Umweltverträglichkeitsprüfungen vorstellt.

Und die vorliegenden Daten?
Sie sind so verschieden wie die regionalen geologischen Gegebenheiten.

Manfred Frühauf untersuchte im Mansfelder Land die Auswirkungen
des 800 Jahre alten Bergbaus auf Kupferschiefer.
Carsten Lorz spürte im oberen Erzgebirge den Zusammenhängen von
Gewässerversauerung und Bodenzustand nach.
Die Rolle der Schwermetalle wie Arsen, Cadmium, Blei oder Zinn, die mit
dem Sickerwasser aus Böden ausgewaschen werden, haben Thomas
Kaltschmidt und Jürgen Schmidt in einem Methodenvergleich untersucht.

Gesellschaft für UmweltGeowissenschaften

in der
Deutschen
Geologischen
Gesellschaft
(DGG)

Die GUG
ist eine gemeinnützige
wissenschaftliche Gesellschaft.
Sie sieht ihre Hauptaufgabe darin,
eine fachübergreifende Plattform zur
Bündelung umwelt-relevanten Fachwissens
im geowissenschaftlichen Bereich
zu schaffen.

Die Mitglieder der GUG
kommen aus allen Bereichen
der umwelt-relevanten Geowissenschaften,
z.B. aus der Geochemie,
der Hydrogeologie, der Bodenkunde,
aber natürlich auch aus
den „klassischen" Geowissenschaften.

Die GUG
ist eine deutschsprachige Gründung.
Da Umweltprobleme aber nicht
an Sprachgrenzen aufhören,
ist sie offen für
internationale Kooperationen
und für Mitglieder
aus allen Teilen der Welt.

Die GUG
ist eine der ersten
geowissenschaftlichen Gesellschaften
in Deutschland, die das Internet
als wichtigen Informationsträger
erkannt und genutzt hat.
Bereits im November 1995
war die GUG mit einer
eigenen Homepage
im Internet vertreten.

Zur Verbesserung
des Informationsflusses innerhalb
der Umwelt-Geowissenschaften
hat die GUG einen
multimedialen Informationsservice
eingerichtet:

■ das GUG-Online-Info
■ das GUG-Info als Informationsforum
  der GUG-Mitglieder
■ die GUG-Schriftenreihe
  „Geowissenschaften + Umwelt"

Weiterhin bietet die GUG ihren Mitgliedern

■ die Mitgliederliste als Basis des
  GUG-Netzwerks
■ den Bezug von Zeitschriften
  zu Sonderkonditionen
■ den Besuch von Tagungen und
  Workshops zu ermäßigten Gebühren

Fordern Sie detaillierte Informationen an:

■ allgemein zur GUG
■ zum GUG-Informationsservice
■ zur GUG-Schriftenreihe
  „Geowissenschaften + Umwelt"
■ zu GUG + Environmental Geology
■ zu Wissenschaftlichem Arbeiten
  in der GUG

GUG im Internet:
http://www.gug.org

**GUG-Referentin für
Öffentlichkeitsarbeit:**
Monika Huch
Lindenring 6
D-29352 Adelheidsdorf
05141 98 14 34 (T)
05141 98 14 35 (F)
e-mail: mfgeo@t-online.de

UFZ-Umweltforschungszentrum
Leipzig-Halle GmbH
in der Helmholtz-Gemeinschaft

Wie Landschaften nachhaltig genutzt werden können

Gefahren und Risiken für Mensch und Natur vermeiden oder mindern – daran arbeitet das Umweltforschungszentrum Leipzig-Halle. Sein Ansatz: Verantwortung für die Umwelt bedeutet mehr als Sanierung, Renaturierung und Neugestaltung von Landschaften. Immer wichtiger wird die vorsorgende Umweltforschung. Darum hat sich das UFZ dem Leitmotiv verschrieben: Unsere Forschung dient der nachhaltigen Landnutzung und hilft, Lebensqualität in der Kulturlandschaft zu sichern.

Das UFZ bewertet und bereitet Forschungsergebnisse so auf, dass sie in Entscheidungsprozessen in Staat und Wirtschaft umgesetzt und in Regionen mit ähnlichen Problemen übertragen werden können. Hierzu zählt die Beratung der zuständigen staatlichen Stellen bei der Sanierung, der ökologischen Neugestaltung und dem Management von Ökosystemen sowie der Wirtschaft bei der Entwicklung von Umwelttechnologien und umweltverträglichen Produkten und Produktionsprozessen. Voraussetzung dafür ist die enge Verbindung von landschaftsorientierter, naturwissenschaftlicher Forschung und Umweltmedizin mit den Sozialwissenschaften, der ökologischen Ökonomie und dem Umweltrecht.

Das UFZ kooperiert mit Forschungseinrichtungen und Universitäten auf nahezu allen Kontinenten der Erde. Gegenwärtig engagiert es sich sehr stark für eine enge europäische Vernetzung der Umweltforschung. Die bedeutendste Initiative ist PEER (Partnership for European Environmental Research), eine strategische Allianz der sieben größten Umweltforschungszentren Europas. Die globale Komponente der UFZ-Forschung kommt besonders in den Forschungskooperationen mit Lateinamerika und dem Nahen Osten zum Ausdruck. In Lateinamerika stehen neben der reinen Landnutzungsforschung die sozialwissenschaftlichen und urbanen Probleme im Vordergrund. Im Nahen Osten, im Dreieck Israel-Palästina-Jordanien, sind es praktische Probleme der Wasserqualität und Wassernutzung.

Presse- und ÖA des UFZ